AF366046

CAUSERIES

AGRICOLES

PAR

G. FONTENIER

MEMBRE DE LA SOCIÉTÉ NATIONALE D'ENCOURAGEMENT
A L'AGRICULTURE

SAINT-OMER

IMPRIMERIE FLEURY-LEMAIRE, RUE DE WISSOCQ

—

1880

*A Monsieur Devaux, Député
de Saint-Omer.*

J'ai étudié, dans cette suite de causeries, les réformes que l'Agriculture peut attendre du Gouvernement de la République.

Si vous n'admettiez pas, mon cher Maître, toutes les solutions que je propose, il ne m'en resterait pas moins la conviction que l'on vous trouvera toujours au premier rang parmi les défenseurs des intérêts agricoles. Laissez-moi donc vous dédier ces lignes avec l'espoir qu'elles mériteront votre approbation.

Versailles, le 1er décembre 1880.

TABLE DES MATIÈRES

CAUSERIES AGRICOLES

I

LES INTÉRÊTS DE L'AGRICULTURE DEVANT
LE SÉNAT.

Avant de prendre leurs vacances, les Membres de la Commission Sénatoriale du Tarif des Douanes ont tenu à donner une fiche de consolation à nos agriculteurs.

Les droits d'entrée ont été portés :

Sur les bœufs de 6 fr. à 30 fr.

Sur les vaches de 4 fr. à 20 fr.

Sur les taureaux de 6 fr. à 30 fr.

Sur les bouvillons et génisses de 2 fr. à 10 fr.

Sur les moutons de 1 fr. à 5 fr.

Sur les agneaux de 0 fr. 50 à 1 fr.

Sur les boucs et chèvres de 0 fr. 20 à 0 fr. 50.

Sur les porcs de 1 fr. 50 à 5 fr.

Sur les cochons de lait de 0 fr. 50 à 1 fr.

La Chambre des députés a voté un droit de 1 fr. 50 sur les viandes fraîches et de 4 fr. sur les viandes salées ; la Commission du Sénat propose d'élever les droits à 10 et à 8 fr.

Les seigles, maïs et avoines, avaient été exemptés ; on demande maintenant un droit d'entrée de 0 fr. 60 sur ces produits.

Les graines de colza et les riz complètement exemptés, seraient dorénavant frappées de taxes variant de 0 fr. 30 à 1 fr.

Enfin, les vins de toutes sortes acquitteraient un droit de 6 fr. au lieu de 4 fr. 50.

Nous ne donnons pas ces détails pour faire, selon l'expression consacrée, venir l'eau à la bouche ; nous les donnons à titre de simple renseignement et c'est ainsi que les agriculteurs feront bien de les accueillir.

N'avons-nous pas l'exemple de la Commission du Tarif des Douanes à la Chambre ? n'avait-elle pas manifesté des tendances protectionnistes très accentuées et, malgré tout le talent qu'elle a mis à défendre son œuvre, n'a-t-elle pas échoué en fin de compte ? On peut prédire que les choses se passeront à peu près de même au Sénat, mais faut-il en déduire la ruine prochaine de notre agriculture ? Il faut bien s'en garder. Nos sénateurs, comme nos députés, savent combien il est urgent de venir à son secours, mais aussi

que le moyen importe peu pourvu qu'on
y arrive. La Chambre n'a pas cru que
le salut pût être dans la protection, il
y a gros à parier que le Sénat pensera
comme elle. Quoiqu'il en soit, il y aura
grand tapage au Luxembourg à propos
des propositions que nous venons de si-
gnaler. Protectionnistes et libres échangistes fourbissent déjà leurs armes, cela
va devenir une nouvelle occasion de
lutte acharnée. Les uns vont crier que
le gouvernement nous mène à la ruine,
les autres vont dire qu'avec la protection la famine est à nos portes. Il y
aura de beaux discours, mais qui obtien-
dra gain de cause? personne. Cela
n'empêchera pas que protectionnistes
et libres échangistes continueront à se
faire de gros yeux, convaincus qu'en
adoptant leurs théories on aurait sauvé
la France.

Il serait pourtant si facile de chercher
des mesures favorables à notre agriculture en dehors de ces tartines classi-
ques toujours renaissantes et toujours
plus exagérées ! Nous ne pouvons comprendre, pour notre part, qu'on applique aux nations, dont les situations
économiques sont essentiellement variables, des formules aussi précises que
celles de la chimie ! Nous reconnaissons que le système mercantiliste de
Colbert a rendu des services à la France ;
qu'avec l'état de nos finances sous
Louis XIV, jamais nos fabricants de
draps, de cuirs, jamais nos industries

de la verrerie, de la soierie n'auraient grandi si ce n'eût été à l'ombre de la protection. Mais les libres échangistes ne répondent-ils pas, d'une façon victorieuse, que si le système protectionniste a présenté des avantages indiscutables, on peut bien ne pas croire à son efficacité éternelle ? Depuis les traités de 1860, disent-ils, nos exportations ont été sans cesse grandissant et, si certains industriels ont souffert, n'est-on pas obligé de reconnaître que le chiffre des exportations et des importations accuse une production doublée dans un espace de vingt ans ? D'après eux, la protection c'est le passé ; le libre échange, l'avenir ; les découvertes de la science appartiennent à l'humanité toute entière, l'art de la fabrication n'aura bientôt plus de secret pour personne ; les transports par terre et par mer se sont tellement développés, les opérations commerciales tellement étendues que dans un avenir prochain, chaque nation devra s'efforcer de produire les objets à la production desquels elle sera le plus apte.

Nous nous empressons de reconnaître que ce serait là le seul moyen d'utiliser toutes les ressources, dissiminées par le monde, pour le plus grand profit de l'humanité, d'éviter toute déperdition d'efforts et d'arriver à des prix de revient qu'on n'atteindrait jamais autrement. Mais il faut bien avouer que tout cela s'approche bien plus de la

vérité philosophique que de la vérité
pratique ! Comment raisonner ainsi,
avec l'état d'infériorité dans lequel se
trouvent certains peuples par rapport à
d'autres ? Comment surtout appliquer
de pareilles théories à la discussion
d'un tarif douanier, discussion dans laquelle doivent être examinés, à part et
minutieusement, les intérêts variables
à l'infini, de chacun des producteurs
nationaux ? Cela n'est pas possible. Il
faut renoncer aux doctrines quelles
qu'elles soient pour faire de la besogne
utile, c'est-à-dire chercher à concilier
les intérêts du consommateur, ceux du
producteur, ceux enfin du commerçant
ou intermédiaire de toute sorte. Pour
atteindre ce but tous les moyens sont
bons, on peut faire du libre échange
aussi bien que de la protection, tout
est dans une question d'opportunité.
Cela saute aux yeux, à ne prendre que
les exemples nous venant des nations
voisines et qui démontrent que, pour
elles, la vérité se trouve tour à tour
dans la protection et le libre échange.
Voyez l'Angleterre, si avancée dans les
théories libre échangistes qu'elle paraît
y avoir sacrifié son agriculture, ne s'est
elle pas ralliée sur le tard aux opinions
des partisans du « laissez passer » par
cette unique raison, qu'avec les forces
dont elle disposait, elle était devenue
supérieure à toutes les autres nations ?
C'est toujours ce motif qui la fait per-
sister dans cette voie. Ne craignant pas

la concurrence, elle a intérêt à arriver partout. C'est en ce sens que Robert Pell, préconisant le système économique de Cobden, disait au Parlement : « Laissez entrer les produits étrangers, car vous n'avez plus rien à craindre pour tous ceux qui vous touchent. Le vin, ce n'est pas une de vos fabrications ; les soieries riches, vous ne les fabriquez pas, ou, du moins, vous ne les fabriquez que dans une certaine mesure. Pour tout article dans lequel les moteurs à vapeur ou le minerai peuvent être de quelque valeur, vous n'aurez personne à craindre. »

Et alors nos voisins, d'abandonner le système protecteur, qui leur avait tant profité, pour le libre échange dont ils ne se sont pas plus mal trouvés.

Ils choisissaient le moment opportun pour faire cette évolution économique et ils montraient qu'il faut bien se garder de parti pris en pareille matière. Mais feront-ils croire maintenant à notre honorable ambassadeur à Londres que c'est au point de vue des principes surtout qu'il faut se placer et que lui, libre échangiste de raison, devrait dans le but d'accomplir un progrès beaucoup plus humanitaire qu'utile au pays, mettre sa signature au bas d'un traité superbe en théorie, mais préjudiciable à nos intérêts, dût même l'œuvre si sagement élaborée, dans ces derniers temps, par la Chambre, en recevoir une grave atteinte ?

Dans un autre sens, M. de Bismarck n'a-t-il pas pensé qu'on peut faire acte de sagesse en passant du libre échange à la protection ? Que m'importe à moi, s'écriait-il, ce que pourront dire les autres nations, lorsque dernièrement il apportait au Reichstag un tarif de douanes protectionniste. Et il déclarait ensuite qu'à son arrivée au pouvoir, il avait, à la vérité, trouvé des tarifs inspirés par les théories libre échangistes, mais que, s'il s'était fait un devoir de considérer cet état de choses comme le meilleur tant que les fabricants prussiens avaient pu supporter la lutte avec l'étranger, il n'hésitait plus, à cette heure, à demander le relèvement de ces tarifs afin de soutenir, avant tout, le travail national.

Enfin les Etats-Unis, qui ont demandé à des tarifs exorbitants une protection efficace pour leur jeune industrie, ne promettent-ils pas de devenir libre échangistes quand cela sera de leur intérêt ? Témoin la réponse de Grant à la Chambre de Commerce de Manchester, plaidant en faveur des idées de Cobden : « Messieurs, répondit-il, l'Angleterre s'est servi du système protecteur pendant deux cents ans ; elle l'a poussé à outrance et s'en est très bien trouvée, car c'est à ce système qu'elle doit sa puissance industrielle ; cela ne fait aucun doute. Après ces deux cents ans, l'Angleterre a jugé convenable d'adopter le libre échange, parce qu'elle ne pouvait plus rien tirer de la protection. Eh bien, Messieurs, je connais assez nos compatriotes pour croire que, quand l'Amérique aura tiré du système protecteur tout ce qu'elle peut en tirer, elle marchera résolument vers le libre échange. »

Ainsi donc on peut, on doit passer du libre échange à la protection, et réciproquement, selon les circonstances. Voilà ce que démontrent les exemples que nous ont donnés, nous donnent encore ou nous donneront les peuples du monde civilisé. Mais ne peut-on appliquer l'un et l'autre système selon que, dans l'application, l'un et l'autre sont avantageux à des intérêts différents ? Ne peut-on faire œuvre de transaction, et, quand on applique les principes de l'une ou l'autre école, ne les pas pousser à leur limite extrême ?

Agir ainsi n'est-ce pas agir pratiquement, n'est-ce pas au point de vue économique, faire ce que le grand citoyen qui préside notre Chambre des députés, à pensé qu'il fallait faire en politique, tant et si bien que les républicains, qui avaient été jusque-là des hommes d'opposition, sont devenus des hommes de gouvernement ? Ont-ils oublié pour cela leur origine ? Non, ils ont seulement pensé qu'il valait mieux n'appliquer leurs principes, leurs idées, que dans la limite du possible, plutôt que de se faire juger incapables du gouvernement de la France par une série d'exagérations qui auraient satisfait les principes mais éloigné d'eux les nouveaux venus. Il faut accepter, discuter, toutes les idées progressives, mais il faut aussi les appliquer à leur moment. Oublier cette règle serait s'exposer à produire le mal pour le bien, ce serait courir à l'inconnu.

C'est ainsi que notre chambre des députés a pensé en matière de tarifs de douane.

Elle a fait une œuvre empreinte du plus sage opportunisme. Elle a, sous des inspirations plutôt libre échangistes que protectionnistes, il est vrai, été, tour à tour, protectionniste et libre échangiste, car elle a cherché à protéger, dans la limite du possible, le travail national tout en tenant le plus grand compte de l'intérêt des consommateurs qui composent la masse.

Elle a, reconnaissons le, fait une œuvre démocratique et il faut l'en féliciter dans une juste mesure. Le nombre, c'est le suffrage universel ; le suffrage universel, c'est le souverain ; pourquoi donc ses intérêts seraient-ils oubliés ? Cependant, son œuvre a rencontré des détracteurs et dans l'agriculture et dans l'industrie. Le monde industriel a tant d'intérêts divers qu'il était bien difficile de ne pas faire de mécontents. Le Sénat va de nouveau examiner et peser ces intérêts ; il le fera dans le sens d'un bon et loyal arbitrage pour les parties en présence. Après cela, il n'y aura plus qu'à s'incliner.

Contrairement à ce qui s'est passé en 1860, pour les traités de commerce qui sont l'œuvre d'un homme, les intérêts des producteurs auront été discutés complètement et chacun aura pu faire entendre ses plaintes. Mais que pourra davantage le Sénat pour l'agriculture? Pourra-t-il, plutôt que la Chambre des députés, ne pas tenir compte de l'intérêt du plus grand nombre, de l'équité qui ne veut pas qu'une masse considérable de consommateurs soit sacrifiée aux intérêts, sans doute on ne peut plus respectables, mais particuliers, de l'agriculture ?

La situation désastreuse de cette dernière, pourra-t-elle tenir en échec l'intérêt du peuple tout entier ? Comme la Chambre des députés, le Sénat sera, malgré tout, frappé de ce fait, qu'en 1878, nous avons eu besoin d'acheter cinq cent dix-huit millions cent seize mille francs de blé et que s'il nous a fallu faire de tels achats c'est que nous ne pouvions nous en passer. Dès lors, le principal produit de l'agriculture sera ici, comme là-bas, sacrifié. Nos sénateurs devront s'y résoudre, mais qui nous dit qu'ils ne penseront pas, *in petto*, à une protection autre que celle des tarifs douaniers ? Cependant, la lutte terminée dans le Parlement, l'on entendra de nouveau les protectionnistes enragés crier à l'ineptie du gouvernement. On verra encore des hommes d'un grand talent, le mettre

au service de leurs rancunes politiques
et produire dans les réunions des arguments singulièrement exagérés, visant
bien plutôt tel ou tel siège électoral
que l'intérêt véritable de l'agriculture.
Mais l'on n'entendra plus, espérons-le,
des membres en vue de la Société des
agriculteurs de France, jeter l'injure à
l'adresse d'un ministre absent et par
conséquent incapable de se défendre.
Bien mieux vaudrait ne pas critiquer
injustement l'œuvre de nos Assemblées
législatives et chercher consciencieuse-
ment s'il n'est pas possible de trouver
autrement une protection suffisante.
Nous passerons en revue, dans un prochain article, les principaux arguments
donnés dans ces derniers temps par les
protectionnistes et les libres échangistes, et le lecteur en conclura de lui-
.même qu'il ne serait véritablement pas
sérieux d'espérer le salut d'une surélévation des tarifs douaniers dont le vote
par le Sénat est plus que problémati-
que.

II

ARGUMENTS PROTECTIONNISTES CONTRE
ARGUMENTS LIBRE-ÉCHANGISTES.

Nous laisserons de côté tout ce qui a
été dit, de part et d'autre, relativement
à nos diverses industries. C'est de l'agriculture que nous nous occupons et le
lecteur trouvera bon que nous passions
seulement en revue ses principaux produits.

En ce qui concerne les blés, les protectionnistes avaient dit que dans notre
pays, se trouvât-on en présence d'une
bonne récolte, l'hectolitre de blé valait
et vaudrait toujours de 20 à 22 fr., pendant que les Etats-Unis pouvaient livrer
la même mesure, rendue en France,
moyennant 17 fr., transport compris.

A ce compte, le cultivateur français
devait toujours se trouver en face d'une
différence de trois francs, de nature à

rendre désormais toute concurrence impossible.

Mais les libre échangistes de répondre que si l'Amérique avait pu, dans ces derniers temps, nous inonder de ses produits, elle ne le pourrait probablement pas longtemps encore. Aux Etats-Unis, comme ailleurs, les sols vierges s'épuiseront promptement, disaient-ils, et la preuve en est dans le renchérissement des terres réputées plus fertiles... Il y aurait, là-bas comme ici, de bonnes et de mauvaises années.

A ces réponses très-sensées s'ajoutait le fait de l'accroissement considérable de la population de la grande république américaine. Cette année, on a procédé au dixième cens décennal duquel il résulte que cette population peut être. aussi exactement que possible, évaluée à 50 millions d'habitants.

Pour le seul mois de juillet 1880, le chiffre des immigrants a été de 60,000.

A prendre les chiffres fournis, il y a quelques mois, par M. Sherman, ministre des finances, on peut prédire qu'en 1910 la population sera certainement doublée.

Nous n'ignorons pas que le territoire cultivable de ce pays est immense, mais peut-on être taxé d'exagération pour penser que les Etats-Unis, par de mauvaises années, n'auront peut être pas assez de tous leurs produits ? Il convient, en effet, de ne point perdre de vue que les agriculteurs de ces fertiles contrées doivent déjà suffire à leur propre nourriture et à celle des 1.218.000 habitants de New-York, de 847.000 habitants de Philadelphie, des 555.000 habitants de Broocklyn ! Qu'il y a encore 470.000 h. à Chicago, 450.000 à Saint-Louis, 352.000 à Boston, 331.000 à Baltimore, 246.000 à Cincinnati, 227.000 à San Francisco, 207.000 à la Nouvelle-Orléans, 160.000 à Washington.

Si en outre l'on veut bien ne pas oublier que nous nous sommes trouvés, avec de mauvaises récoltes, en présence des récoltes abondantes de l'Amérique, on peut bien affirmer, que dans les bonnes, voire même dans les moyennes années, les blés de nos concurrents n'arriveront bientôt que comme complément aux insuffisances passagères de notre production.

Les protectionnistes, et notamment M. Pouyer-Quertier, avaient encore tiré des conséquences exagérées de prétendus envois considérables de bétail d'Amérique en Angleterre, annonçant que bientôt la France en serait envahie. Ils affirmaient qu'il y a dans les montagnes rocheuses des éleveurs comptant jusqu'à 75.000 têtes de bétail. D'après eux, les bœufs expédiés du nouveau monde revenaient, tous frais d'achat et de transport déduits, rendus à Londres à deux cents francs. Les viandes conservées menaçaient également les prix des viandes fraîches dont elles devaient être considérées, dans un avenir prochain, sur nos marchés, comme les équivalentes. Mais voici qu'un homme essentiellement recommandable M. Saac, inspecteur général de l'agriculture dans l'Amérique du Sud, est venu leur répondre sous le patronage de M. Louis Figuier, que la transportation des animaux vivants des Amériques en France et en Europe est loin d'être florissante. Pauvre M. Pouyer-Quertier ! C'est que M. Saac ne se contente pas comme vous d'affirmations retentissantes !

Sérieux comme un Yankee, il cite des exemples et des chiffres authentiques. Il donne celui que paye, pour un bœuf, M. Morgan, exportateur américain des plus importants. A San Antonio, le prix d'achat est de 20 fr., à Galveston, ils en valent déjà 32. Là des bateaux à vapeur spéciaux les embarquent par troupeaux de 400, pour les amener à Brachear port de la Nouvelle-Orléans où ils sont estimés à un prix moyen de 43 francs. — De Brachear, les troupeaux remontent les rivages du Mississipi, et arrivés à Saint-Louis marché central, ils y sont vendus à raison de 107 francs par tête. De là, ils sont dirigés sur Milwaukee, Chicago et New-York où ils sont payés 40 dollars, ce qui équivaut à 214 fr. par tête. — Mais alors comment admettre avec le célèbre sénateur de la Seine-Inférieure que les mêmes bœufs valent seulement deux cents francs rendus à Londres ?

Quant aux viandes conservées, la réponse est encore bien plus concluante !

A New-York, M. le sénateur Mac-Pherson, jadis garçon boucher, s'est mis en tête d'organiser une compagnie qui, pendant deux hivers, a expédié en Angleterre, des viandes conservées dans la glace. Il a tellement gagné dans cette entreprise qu'il a dû cesser, en avouant lui-même qu'il avait constaté, la deuxième année, un déficit de cent mille francs.

D'ailleurs, le Texas qui a fourni jusqu'ici les bœufs destinés à l'exportation, vivants ou sous forme de conserves, sera bientôt épuisé et, M. Saac l'affirme, dans quelques années *les Etats-Unis n'auront plus assez de viande pour leur propre consommation.*

Il est d'ailleurs, parfaitement démontré, à cette heure, que plus la richesse nationale augmente, plus la consommation de la viande s'accroît. On mange en Angleterre plus de viande qu'en France parce que le bien être y plus développé, et l'on peut affirmer que la consommation deviendra certainement de jour en jour plus considérable aux Etats-Unis. Elle sera la conséquence forcée de leur prospérité agricole, industrielle, commerciale et financière sans égale.

Mais revenons au rapport de M. Saac :

Il ajoute que les bêtes élevées à l'état sauvage sur les rives de la Plata, et dont on conserve la viande en la séchant, sont dans un état de maigreur tel qu'il est impossible d'en tirer un bon parti ; que presque toutes les maisons de conserves, ou saladeros, se ferment faute de bénéfices. — Elles payent les bœufs entre 100 et 120 fr. — Elles ne trouvent à vendre leurs produits qu'au Brésil et dans les Antilles.

Enfin, à son avis, que les viandes soient conservées dans la glace ou séchées, elles ont un mauvais goût et une odeur musquée qui en rendent la vente difficile, sinon imposible, dans nos pays, et il faut aussi prendre en considération qu'elles ne peuvent être envoyées que par quantités tellement considérables qu'elles apportent avec elles un grand élément de dépréciation. — Les premiers jours la vente se fait bien ; au bout de quelques temps, il faut vendre à tout prix.

Nous arrivons maintenant à un autre produit important de notre agriculture, produit qui a singulièrement souffert. Nous voulons parler de la laine. — Les partisans du régime protecteur, attribuaient à l'absence d'un droit suffisant la décroissance continue du nombre de moutons en France. Ils établissaient qu'à partir de 1815, les droits d'entrée ayant varié depuis 30 % jusqu'à 4 %, l'élevage du mouton avait successivement périclité davantage pour arriver à une diminution de têtes de bétail se chiffrant par onze millions pour la période des vingt dernières années que nous venons de parcourir. L'agriculture

se trouvait donc privée de ce chef, d'une
source de bénéfices, proportionnels au
nombre d'animaux en moins, tant pour
la vente de la laine que pour la vente à
la boucherie. Les libre échangistes de
répondre, cette fois, se plaçant surtout
au point de vue *de l'intérêt général de
l'industrie*, qu'on ne pouvait priver la
fabrication des tissus de laine, d'un
certain nombre de mélanges indispen-
sables, de certaines sortes de laines
venant exclusivement, à la vérité, des
pays étrangers, mais sans lesquelles les
laines indigènes ne peuvent être employées. Ce fait a-t-il été démontré ?
je ne le pense pas. Quoiqu'il en soit, ils
disaient encore que l'insuffisance de la
laine française est tellement certaine,
qu'en 1877, on avait dû en acheter à
l'étranger pour environ trois cent cinquante millions. Ils faisaient en outre
remarquer que cette importation était
loin de nuire à nos produits puisque
dès 1854, après une introduction en
France, de quarante six millions de
francs, la laine indigène n'avait valu
que 7 fr. 75 tandis qu'en 1860, elle
avait atteint 10 fr. 14 après une importation de cent millions de francs, soit
après un chiffre supérieur sur 1854, de
104 millions. C'était donc le mal même,
dont on se plaignait pour l'agriculture,
qui aurait été la cause de cette plus-
value et partant, d'un chiffre plus considérable de bénéfices. Mais les libre
échangistes se trompaient, à leur tour,

En tirant argument de ce qu'en 1877,
il nous a fallu acheter pour trois cent
cinquante millions de francs de laine,
ne fournissaient-ils pas une réplique
des plus sérieuses aux protectionnistes?
trois cent cinquante millions de laines
représentent, en effet, le produit de
cinquante-cinq millions de moutons,
pendant que la France n'en compte
plus que vingt-deux millions.

Qui donc profiterait actuellement de
ce chiffre considérable de têtes de bétail, si ce n'est la masse des consommateurs dont les libre échangistes se
flattent d'avoir souci ? ne peut-on pas
affirmer qu'avec ce surplus considérable de moutons, la viande de boucherie
aurait diminué dans une large mesure?
Nous savons bien qu'il a été dit qu'il
n'y avait pas lieu de s'arrêter à cette
diminution, parcequ'aujourd'hui les animaux sont livrés beaucoup plus jeunes,
quoique dans un excellent état, à nos
abattoirs. Mais cet argument porte avec
lui sa réponse : on livrerait jeunes, bons
à tuer, beaucoup plus de têtes de bétail
à la consommation et, cette dernière,
en profiterait dans une large mesure.
Les agriculteurs en profiteraient aussi
puisqu'ils vendraient plus d'animaux
gras et plus de laine. En admettant des
prix un peu inférieurs pour ce dernier
produit, ils profiteraient encore dans
une large mesure.

Nous avons cité, à dessein ces exemples importants pour montrer qu'en pré-

sence d'excellents arguments produits des deux côtés, la Chambre ne pouvait faire et le Sénat ne pourra faire qu'un arbitrage entre les intérêts en lutte, mais que cependant la règle paraît devoir être au Sénat ce qu'elle a été à la Chambre : obligation pour les législateurs de sacrifier les intérêts particuliers à l'intérêt général. Qui est appelé à profiter de la mise en pratique de cet axiome ? Nous le répétons, c'est la masse des consommateurs, mais devant ce fait heureux pour la majorité des Français, est-ce à dire que nos représentants ne comprennent pas, qu'avec la concurrence Américaine d'une part, qu'avec l'application de tarifs favorables à la masse des consommateurs, d'autre part, la prospérité de notre agriculture nationale a pour ainsi dire été sapée par la base ?

En dehors de ces deux éléments de souffrance, il en existe d'autres. Nous les énumérerons dans l'article suivant, et chercherons plus tard quels remèdes il conviendrait peut-être d'y apporter.

III

AUTRES RAISONS POUR LESQUELLES IL FAUT
A TOUT PRIX PROTÉGER NOTRE
AGRICULTURE.

Il y a un mal qui ronge nos campagnes, mal auquel on n'a pas prêté jusqu'ici gande attention mais qui est hélàs ! trop réel, pour ne pas dire incurable.

Il tient au caractère général de la nation et c'est pour cela qu'il ne faut trop en vouloir à nos populations rurales qui cependant font bien tout ce qu'elles peuvent pour le développer. Je veux parler du délaissement de l'agriculture, par ceux-là mêmes qui seraient le plus aptes à s'y rendre utiles. Aussitôt qu'un gars intelligent montre des dispositions pour le travail et l'étude, vite les propos exagérés, tenus par les siens, lui démontrent qu'il est un grand homme !

Il mord au calcul, on en fait un astronome ; son ortographe n'est pas par trop vicieuse, on en fera un contrôleur des contributions indirectes s'il en est un dans la localité..... Le plus souvent il quitte le village pour la ville où il devient tout au plus un gratte papier dont l'utilité sociale est loin d'être incontestable. Laissez-moi ce gaillard-là aux champs, laissez le travailler au lieu de lui faire croire qu'il en saura toujours trop pour être cultivateur et vous compterez un habitant de plus qui pourra un jour se rendre un compte exact des propriétés des engrais chimiques. — M. le Ministre de l'agriculture et du commerce pense, on le verra plus loin, à former des instituteurs capables d'enseigner les premiers principes de la science agricole.

Les campagnes se mettent elles-mêmes en coupe réglée, et l'on s'étonne de voir des fermes, prospères autrefois, péricliter aujourd'hui ; l'on s'étonne, dans certaines contrées, de voir les propriétaires manquer de locataires! Le service militaire ne nous prend donc pas assez de bras? Nous sommes contraints d'entretenir sous les armes tous nos jeunes gens valides de vingt à vingt-quatre ans, et si les citadins retournent à l'atelier, combien y a-t-il de campagnards qui préfèrent ne pas retourner aux travaux des champs? Il n'y a rien à faire à cela, je le répète, car comment corriger la nature du français? Nous nais-

sons employés du gouvernement! Il
faut cependant reconnaître qu'il en résulte un grand dommage pour la France
agricole et industrielle, si l'on songe
que nos deux concurrents les plus ter-
ribles, les Etats-Unis et l'Angleterre
sont les deux seuls pays où le service
ne soit pas obligatoire. Chaque année,
au lieu de désorganiser les travaux de
la culture par le départ pour l'armée
de leurs hommes les plus vigoureux,
ces deux pays gardent leurs enfants
sans cesser pour cela d'être des puis-
sances redoutables. Nous ne parlons
pas ainsi pour arriver à demander la
suppression du service militaire. Loin
de nous cette pensée! Cela n'est pas
possible dans nos états désunis d'Europe. Mais si c'est une nécessité inéluc-
table, que nous soyons armés jusqu'aux
dents, est-il moins certain que notre
agriculture et notre industrie se trouvent, par ce fait même, dans des conditions défavorables vis à vis de leurs
concurrents redoutables ?

En effet, plus le travail national est
grevé de charges préexistantes, qui
s'imposent à nos budgets comme autant
de dépenses indiscutables, plus les producteurs de toute sorte se trouvent en
arrière par rapport aux nations exemp-
tes de ces premiers fardeaux. En veut-
on la preuve ? Les Etats-Unis sont sur
le point d'éteindre leur dette nationale,
ils n'auront bientôt plus de créanciers ;
l'Europe, au contraire, augmente cha-

que année ses dépenses. Ses armées
de terre et de mer lui coûtent un mil-
liard quatre cents millions de francs de
plus qu'en 1865. C'est une statistique
faite en Angleterre qui l'a démontré,
il y a quelque temps.

En 1865, la France affectait, aux mêmes dépenses, 675 millions ; aujour-
d'hui nos budgets de la guerre et de la
marine dépassent 800 millions. Voilà
les conséquences de la fructueuse paix
armée qui pèse sur notre continent,
qui s'impose à notre gouvernement
malgré ses allures sages et pacifiques,
malgré qu'il soit bien certain qu'il n'est
pas de son essence de chercher, par
des diversions armées, au dehors, des
dérivatifs aux questions de politique
brûlante à l'intérieur. Mais n'y a-t-il pas
dans le fait, que nous venons de signa-
ler, un motif des plus déterminants
pour que l'on vienne au secours de notre agriculture, dans les limites et par
les moyens considérés comme possibles ?

Il y a encore, pour cela, un motif qui réside dans l'état d'infériorité
dans lequel se débat notre agriculture
au point de vue des transactions. Elle
est beaucoup plus maltraitée, que l'industrie et le commerce. Pourtant comment refuser à nos agriculteurs le
titre d'industriels, quand ils produi-
sent de la viande, de la laine, des
peaux, avec les animaux nourris de leur
récolte, de leur travail quotidien ? Eh

bien ! qu'un cultivateur s'avise de con-
tracter une dette envers un commerçant et pour les besoins de son exploitation ; quatre-vingt-dix-neuf fois sur
cent, s'il a, de ce côté, quelque difficulté, croyez-vous qu'il jouira des bénéfices de la juridiction commerciale, c'est
à dire sommaire ? non : il devra passer
par les frais et lenteurs d'une bonne
procédure civile. Il n'a pas acheté pour
revendre, et vlan! le code de commerce est lettre morte pour lui. Cependant, c'est bien acheter pour revendre
que d'acquérir des bêtes maigres, par
exemple, dans le but de les mettre sur
le marché quand elles seront grasses.
Supposons-le maintenant en déconfi-
ture, nous voulons dire bien mal, bien
mal dans ses affaires. Sera-t-il traité
comme un commerçant en faillite ?
N'allez pas commettre, ami lecteur,
cette hérésie juridique ! Le propriétaire
du commerçant n'aura droit, en cas de
résiliation de bail, qu'aux deux dernières années échues et à l'année cou-
rante, de telle façon que, les créanciers
touchant un dividende plus important,
la situation du commerçant se trouvera
d'autant dégagée. Au cas de non résiliation, s'il y a intérêt à faire gérer le
commerce ou l'industrie du failli, le
propriétaire ne peut exiger le paiement
des loyers en cours ou à échoir, s'il a
reçu ceux échus et si les garanties, à
lui donnés lors du contrat, subsistent
ou sont renouvelées. Au contraire, il

n'est pas rare, dans la pratique des affaires, de constater l'absorption par le propriétaire de la totalité de l'actif réalisé sur un cultivateur malheureux. Cela arrive même, dans le cas où cette réalisation n'a eu lieu qu'à la requête d'un seul créancier impatient. En effet, le propriétaire qui n'aura, la plupart du temps, rien fait pour provoquer une pareille catastrophe, touchera tous les loyers échus ou à échoir, sauf aux autres intéressés à faire valoir terres et ferme pendant les années restant à courir jusqu'à l'expiration du bail. Le beau billet qu'ont là les autres créanciers, et comme tout cela est pratique ! Les créanciers im**payés (souvent même le poursuivant est du nombre)** sont dans une situation difficile, pour ne pas dire impossible, le cultivateur est ruiné à tout jamais, mais les poursuites ont abouti au paiement d'une ou de plusieurs créances privilégiées qui étaient, par leur nature, garanties de tout aléa. C'est là une des raisons déterminantes qui empêche les banquiers de prêter des fonds aux cultivateurs. Ils se sont trouvés, une fois, en présence d'un propriétaire qui a tout absorbé et ils ne se soucient guère de recommencer. Les conséquences de la codification napoléonienne ne s'arrêtent pas là. Il faut que nos campagnes sachent que, du temps du grand homme, l'on n'avait pas autrement souci de leurs intérêts, et cependant, il n'oubliait pas, lui, de prendre leurs enfants pour travailler à sa gloire. N'est-ce pas encore le code civil qui édicte que la condition de l'existence légale du gage, et du privilège qui en résulte pour celui qui prête, devra être la remise effective de l'objet donné en gage ? La preuve de cette remise au prêteur, ne peut résulter que d'un acte public, ou sous seing privé dûment enregistré. Or, avec de tels empêchements, quels ne seront pas les ennuis qui s'imposeront au cultivateur, quand ayant besoin momentanément d'argent, il voudra trouver à emprunter sur ses récoltes, encore sur pied ou charriées dans ses granges, afin de profiter d'un mouvement de hausse qui pourrait se produire ? Coûte que coûte il lui faudra vendre à perte. Si ces récoltes sont sur pied, il lui est impossible de les constituer effectivement en gage ; si elles sont entrées dans ses greniers, où trouvera-t-il un prêteur qui consentira à prendre, contre de beaux écus sonnant, des marchandises embarrassantes, incommodes à manipuler, et qui ne doivent pas lui rester ? Et puis, les frais de charrois multiples ne grèveraient-ils pas singulièrement le prix de la récolte ?

Tous ces ennuis n'existent plus pour le commerce et l'industrie, il faut les supprimer pour l'agriculture. Le commerçant est censé avoir les marchandises en gage, quand elles sont tenues à sa disposition à la douane, dans un dépôt public, ou même si, avant leur arrivée, il en a été saisi par un connaissement ou une lettre de voiture. De plus le banquier, s'il a traité avec un autre commerçant, n'a pas besoin d'un acte authentique, ni d'un acte sous seing privé enregistré, pour démontrer l'existence du gage grâce auquel il a fait des avances. Il en établit la preuve aussi bien par témoins que par ses livres et sa correspondance. Une facture acceptée suffit !

Le gage n'est pas la seule forme de crédit, inaccessible à nos populations rurales. Un commerçant peut, avec quelques billets de mille francs, doubler sa surface par la mise en circulation de son nom ; telle n'est pas la bonne fortune de l'agriculteur. J'ai déjà indiqué, plus haut, que le privilège du propriétaire est une des causes qui empêchent les prêteurs d'accepter sa signature. Il y a encore une raison qui s'y oppose. C'est, on le devine, que l'agriculteur n'étant pas justiciable des tribunaux de commerce, les bailleurs de fonds craignent les difficultés devant la juridiction civile. Il serait bien simple, on en conviendra, d'inscrire dans la loi, que toute personne faisant usage du crédit commercial, soit en souscrivant, soit en en endossant des effets de commerce, sera placée sur le même rang que les commerçants et jouira des bénéfices de la juridiction commerciale. C'est là la clef du développement de l'activité dans nos campagnes.

En résumé, situation désastreuse par suite de la concurrence américaine de ces dernières années, impossibilité d'une protection par les tarifs douaniers, mise en coupe réglée de nos campagnes par le départ soit au service, soit à la ville, des jeunes gens intelligents et vigoureux, infériorité résultant d'une paix armée à laquelle ne sont pas astreints nos concurrents agricoles, les Etats-Unis; situation détestable au point de vue des transactions et des emprunts, telles sont les puissantes raisons qui militent en faveur de notre agriculture. Mais comment la protéger ? Par des mesures beaucoup plus simples qu'on ne le croit généralement. Quelques-unes peuvent se produire sous la forme de dégrèvements successifs au fur et à mesure de l'amélioration de nos finances. D'autres peuvent résulter de la révision de certains articles de loi. Nous les avons indiquées et n'y reviendrons pas. D'autres enfin sont attachées à la solution de grands problèmes actuellement à l'étude. Quoiqu'il en soit, l'heure est arrivée où il faut agir. La plupart de nos cantons ruraux viennent de montrer une franche adhésion au gouvernement actuel, témoins les échecs électoraux de la plupart des gros bonnets de la réaction ! Le succès a été tellement complet, que ses journaux, les plus fanfarons d'ordinaire, renonçant à discuter la victoire ont, cette fois, baissé le ton en signe de deuil ! Que

doit faire le gouvernement ? Il doit aller
à nos campagnes puisqu'elles sont venues à lui et pour cela, je le repète, il
faut étudier les moyens de leur faire un
sort meilleur.

IV

EXEMPTION DES DROITS DE DOUANE POUR
'L'OUTILLAGE AGRICOLE, BOIS ET FER.

Nous disions, dans un précédent article, qu'il fallait bien se garder de conclure que nos législateurs n'auraient cure ni souci des besoins de l'agriculture, de ce que, dans l'intérêt de la masse des consommateurs, la Chambre avait du renoncer à la surélévation des tarifs douaniers relatifs aux principaux produits de notre sol. Rien ne prouve, ajoutions-nous, qu'elle n'entrevoyait pas, ce faisant, d'autres moyens de lui venir en aide. Nous allons en donner la preuve. Un droit d'entrée de 60 fr. par tonne avait été voté sur les fers, lorsque vint en discussion un amendement du à l'initiative du sympathique député de Seine-et-Oise, M. Ferdinand Dreyfus. Cet amendement était ainsi conçu : Tous les instruments aratoires et machines servant exclusivement à cultiver la terre, à récolter les céréales et les fourrages, à battre et à nettoyer les grains et les graines, à préparer la nourriture . du bétail, et leurs pièces de rechange..... exempts.

Mais comment exempter des fers, utilisés à l'étranger, à la construction des machines agricoles, pendant que les constructeurs français, de ces mêmes machines, auraient payé un droit de 60 fr. sur chaque tonne de fer brut par eux employée ? Comment frapper notre propre industrie, au profit de ses concurrents étrangers, d'un droit, équivalent à 40 % de la valeur de la matière première, puisque les fers valent de 150 à 160 fr. la tonne ?

La question était grave et divisait, avec raison, les esprits les plus sérieux.

Aussi M. le ministre de l'agriculture et du commerce dût-il monter à la tribune : « Si vous acceptez, dit-il, cet amendement auquel je suis pour ma part sympathique, car il s'inspire des intérêts de l'agriculture que je suis chargé de défendre, ne voyez-vous pas que du même coup vous faites échec à la fabrication des instruments aratoires en France ? Voilà l'observation sur laquelle je suis obligé d'appeler l'attention. C'est là une très-grave affaire, et lorsque nous avons voté le droit sur le fer, vous vous rappelez combien j'ai insisté pour que l'on ne votât pas la majoration demandée. J'aurais voulu aller plus loin, proposer un dégrèvement de droits et faire disparaître en même temps les inconvénients qui résultent de l'admission temporaire. Mais, enfin, c'est un système qui n'a pu prévaloir. On m'accuse d'avoir sacrifié les intérêts de la métallurgie en n'acceptant pas la majoration demandée par les propriétaires des hauts fourneaux. Comment voulez-vous que maintenant je vienne consentir à un dégrèvement de droits qui aura pour conséquences de porter atteinte à l'iudustrie de la fabrication des instruments en France ? Il y a là un enchaînement fatal qui est la condamnation du système de protection contre lequel je m'élève si fréquemment ».

C'était là un langage bien fait pour empêcher, même les amis les plus sincères de l'agriculture, de voter l'amendement en question et l'on s'explique parfaitement que quelques-uns d'entre eux aient pensé comme M. le ministre de l'agriculture et du commerce.

N'était-il pas contraint, lui-même, de s'opposer à une mesure qu'il considérait comme essentiellement favorable aux intérêts de la protection desquels il est ptus spécialement chargé dans le Gouvernement ?

Cependant qu'a fait la majorité ?

Elle a voté, malgré tout, l'amendement en question parce qu'elle venait d'être heureusement mise sur la piste

d'une mesure favorable à l'agriculture ;
parce qu'elle pensait que si, dans un
intérêt supérieur, il lui avait fallu refuser des droits protecteurs aux principaux produits de notre sol et pencher
vers les théories libre échangistes au
détriment des populations rurales, on
ne pouvait pas leur refuser les bénéfices résultant de la mise en pratique de
ces mêmes théories.

Que fera, M. le ministre de l'agriculture et du commerce, après le vote du
Sénat ? Sera-t-il dans un embarras aussi
grave qu'il le prévoyait au premier
abord ? Les intérêts des constructeurs
nationaux seront-ils sacrifiés par suite
d'une mesure qui les met dans un état
d'infériorité sensible par rapport aux
constructeurs anglais et américains ?
On peut répondre que non.

Il y a un moyen, en effet, de parer à
tous ces inconvénients et plusieurs de
nos députés y ont certainement songé
au moment d'émettre un vote en contradiction flagrante avec un vote précédent. Il est possible, pratiquement, de
considérer les fabriques de machines
agricoles comme autant d'entrepôts où
les fers non travaillés, grevés du droit
de 60 francs par tonne, seront, à leur
entrée dans ces fabriques, prises en
charge à concurrence des droits dus,
et portés en décharge, à la sortie, à
concurrence des quantités employées à
la fabrication. Dans ce but, M. le ministre des finances pourra, par une

circulaire aux directeurs départemen-
taux de la régie, prescrire des mesures qui, tout en sauvegardant les droits
du Trésor, tiendront un compte sérieux
des nécessités de la fabricatiou. On
pourra même, grâce à la comptabilité
tenue précédemment dans les usines
qui fonctionnent, établir d'accord avec
les employés de l'administration une
moyenne de fabrication qui deviendrait
la base de la fixation d'une quantité de
fer employé, à partir de laquelle les usines redeviendraient des entrepôts. Les
quantités entrées en entrepôt seraient
ensuite régulièrement déclarées par l'as-
sujetti et le contrôle de ces déclarations
résiderait tout simplement dans une vé-
rification, faite par les agents du Trésor,
sur les registres d'octroi et ceux des
compagnies de chemin de fer. On sait
que ces registres pourraient être tenus,
dans ce but, à la disposition de la régie
comme cela s'est passé après le vote
de l'impôt sur la petite vitesse. Il faudra, en tous cas, chercher des mesures
de nature à ne nuire, en aucune façon,
au développement de cette industrie,
car la protéger ce sera encore protéger
l'agriculture.

En effet, jusqu'ici nos plus riches
agriculteurs ont été seuls dans une
situation à pouvoir faire venir d'Angleterre ou d'Amérique, leur outillage,
mais il n'en est pas de même pour les
cultures moyennes et petites.

Les machines achetées à l'étranger

reviennent à un prix élevé par suite des frais de transport et du droit de 10 fr. par 100 kilos perçus à l'entrée. Il faut profiter de cela pour faire prospérer une industrie qui donnera à l'agriculture des prix plus abordables, qui fournira aux petits comme aux grands un outillage dont on serait en droit d'attendre les meilleurs résultats, surtout en présence de la rareté toujours croissante des ouvriers dans nos campagnes et de l'augmentation non moins croissante, des salaires. Il faut atteindre ce but afin de donner à tous le moyen de perfectionner la culture en améliorant les procédés, et d'arriver ainsi à des rendements supérieurs. On peut attendre ces progrès de la mesure votée par la Chambre et qui sera, sans nul doute, ratifiée par le Sénat. C'est une partie dont l'agriculture peut considérer qu'elle a gagné la première manche.

V

CONSTITUTION DÉFINITIVE DE L'ENSEIGNE-
MENT AGRICOLE NATIONAL. DÉGRÈVE-
MENT D'UN TIERS DE L'IMPÔT FONCIER.

Nos chambres, disions-nous, sont essentiellement favorables à l'agriculture.
Nous allons voir qu'il en est de même
de la part du gouvernement. Notre Ministre de l'agriculture et du commerce
a été frappé de ce que l'instruction et
le crédit, ces deux facteurs du progrès,
manquaient à l'agriculture. Il a vu que
les écoles existent en grand nombre
pour l'industrie. Ce sont, en effet, les
écoles Polytechnique et Centrale, les
écoles des Mines et des Mineurs, le
conservatoire des Arts et Métiers, les
écoles d'Aix, d'Angers, de Châlons, et
enfin les écoles d'Apprentissage, qui
forment pour nos grandes industries des
ingénieurs, des contre-maîtres, des ou-

vriers, pendant que pour l'agriculture il existe à peine quelques écoles régionales, quelques fermes modèles et un nombre restreint de professeurs enseignant la science agricole. Il n'a pas hésité alors à penser qu'il fallait organiser cet enseignement. Il a commencé par demander à nos chambres, la création, dans les écoles normales d'instituteurs, de chaires destinées à l'enseignement agricole secondaire. Ces instituteurs iront, à leur tour, dans chacun de nos villages, répéter aux enfants les leçons qu'ils auront reçues. Leur méthode sera simple, ils chercheront, en écartant les difficultés, à former des élèves qui, n'acceptant rien de la routine, raisonneront chacune des pratiques de la culture et feront des cultivateurs habiles. Cela constitue, à la fois, les enseignements primaire et secondaire. Ces deux degrés une fois établis, il fallait songer à créer une école supérieure destinée à former des professeurs spéciaux pour les écoles normales. C'est dans ce but qu'a été récemment ouvert l'institut Agronomique, fermé autrefois par l'empire sous prétexte, sans doute, que l'argent dépensé pour l'agriculture, était de l'argent mal dépensé. Cette réouverture est fixée au 3 novembre prochain. Outre les premiers éléments des diverses branches de l'enseignement scientifique, les élèves y apprendront la chimie agricole et ses multiples applications, la conduite raisonnée et le maniement des machines agricoles. Ils recevront en outre des notions expérimentales de l'entretien du bétail, de l'élévage et de la culture. L'État veut, en un mot, donner un enseignement dont pourront profiter aussi bien ceux qui se destinent à l'agriculture pratique que ceux qui voudront l'enseigner.

Le but est d'arriver à une exploitation mieux entendue des différentes parties de notre sol en appliquant les données de la science à la production animale et végétale comme on les applique déjà, avec tant de succès, aux arts et à l'industrie.

L'organisation de cette école se complète par la création d'un certain nombre de bourses dont pourront profiter les jeunes gens, sans fortune, qui justifieraient de connaissances suffisantes pour mériter leur admission.

Enfin, l'institut Agronomique sera, au point de vue du volontariat d'un an, traité comme toutes les autres écoles supérieures du gouvernement.

Nous avons déjà démontré combien le crédit agricole est peu favorisé par nos lois ; combien il importe d'apporter un prompt remède à un état de choses qui arrête le développement de l'activité dans nos campagnes. Nous indiquions comme moyens pratiques, et d'une efficacité incontestable, de simples changements dans le texte de certains articles de loi, mais il peut en exister d'autres et les agriculteurs apprendront, sans aucun doute, avec le plus grand plaisir qu'une commission, instituée par le ministre, recherche la solution de ce grand problème... Nos cultivateurs qui ne peuvent, sans ressources personnelles, acquérir, au début de leur exploitation, un outillage perfectionné ainsi que des animaux reproducteurs de choix, manquent par là même de tout élément de prospérité. En effet, ce qui constitue la fortune des cultivateurs, ce sont les économies successives qu'ils ont pu faire, et, comment admettre qu'ils pourront jamais commencer à en faire, s'ils se trouvent à l'riogine dans un état d'infériorité réel par rapport à leurs concurrents. Le remède est dans la fondation d'établissements de crédit agricole, dont le ministre fait étudier en ce moment les conditions d'existence.

Dans un avenir prochain, tout cultivateur qui voudra s'établir trouvera dans la mise en circulation de sa signature le moyen de s'organiser pour gagner de l'argent tout aussi bien que les industriels et les commerçants.

Nous arrivons maintenant à une mesure, d'un autre genre, mais qui n'en sera pas moins un allègement considérable à la situation malheureuse de l'agriculture. On sait que l'impôt foncier est une grande source de revenus pour notre pays. Le principal de cet impôt est de 172 millions, il est augmenté de

168 millions de centimes additionnels votés par les conseils municipaux. Il produit, au total, pour le trésor, un encaissement de 330 millions par année. C'est, on le voit, un fort joli denier, Cependant, le gouvernement songe à le réduire de 120 millions, c'est-à-dire, du tiers, au profit de nos campagnes. On séparerait, dans ce but, l'impôt foncier perçu sur les terres et bâtiments agricoles de celui perçu sur tous autres immeubles. C'est M. Léon Say, ancien ministre des finances, qui nous donnait cette bonne nouvelle au dernier concours régional de Melun. Il nous apprenait que le ministre des finances étudie, depuis plus d'un an, le moyen d'arriver à ce dégrèvement considérable parce que, disait-il, « il y a, dans les facilités toujours plus grandes, que nous poursuivons pour l'industrie des transports et dans l'intérêt sincère que nous portons à l'agriculture une contradiction apparente et un cercle vicieux dont il faut sortir. »

Ce n'est pas nous qui critiquerons une mesure d'une si grande importance pour l'agriculture que nous défendons. Mais, à vrai dire, nous préférerions voir employer, pendant quelque temps, une partie de ce dégrèvement à la révision du cadastre.

Nous n'ignorons pas que c'est là une grave opération, qui coûterait, dit-on, une centaine de millions ; mais cette dépense une fois payée, on pourrait revenir à un dégrèvement plus considérable de l'impôt foncier, et l'on aurait fait un travail dont les conséquences nécessaires seraient une répartition plus sérieuse de l'impôt et un rendement certainement supérieur. Quoi qu'il en soit, diminuer l'impôt foncier c'est faire plus que de diminuer un impôt indirect quelconque, car le foncier atteint la propriété et en diminue la valeur proportionnellement au capital nécessaire pour produire les intérêts affectés au paiement de l'impôt. Le gouvernement a donc, en tenant la promesse, faite récemment en son nom par M. le président du Sénat, l'occasion de prendre encore, en dehors de la surélévation des tarifs douaniers, une mesure de protection de la plus haute importance pour l'agriculture. On peut être certain, en tous cas, que des projets à la réalisation, il n'y aura pas loin. Le gouvernement de la République, dont les budgets ne sont grévés ni des dépenses considérables de la liste civile, ni des pensions servies aux princes et princesses du sang ; qui n'a pas à entretenir une cour dépensière et insatiable, peut décharger nos campagnes des impôts qui pèsent trop lourdement sur elle.

Comme sous les diverses monarchies qui ont régné sur la France, nous avons des Assemblées législatives mais les contribuables peuvent être certains, ainsi que nous le démontrerons bientôt, que, sous aucun régime, l'emploi des finances de l'état n'a subi un contrôle plus minutieux que sous le gouvernement actuel.

VI

ÉQUILIBRE A ÉTABLIR ENTRE LA PROPRIÉTÉ
FONCIÈRE ET LES VALEURS MOBILIÈRES

Puisqu'il était question, dans notre
dernière causerie, de l'impôt foncier,
nous allons pour rester sur le même
terrain, examiner si l'agriculture ne
pourrait tirer le plus grand profit de la
révision des textes de loi qui concer-
nent les droits de mutation, d'enregistrement et de succession.

Nous allons, en même temps, chercher à établir qu'il serait indispensable
de n'asseoir les droits de succession,
grèvant les terres en culture et les
bâtiments servant à leur exploitation,
que sur l'actif réel, déduction faite du
passif hypothécaire, sur lequel il est
perçu, le plus souvent, des droits considérables en présence d'un actif mi-
nime.

On entend par mutation toute transmission d'une chose, d'une personne à une autre. Une mutation s'opère entre vifs ou par décès. Occupons-nous d'abord des mutations entre vifs.

Ces mutations ont lieu par vente, échange ou donation. S'il y a vente ou échange, elles sont à titre onéreux ; s'il y a donation, elles sont à titre gratuit.

L'impôt sur les donations à titre onéreux est de 5 fr. 50 % en principal, plus un accessoire de deux décimes et demi, soit un total de 6 fr. 88, sans compter les droits de timbre et d'hypothèque. Cet impôt est beaucoup trop élevé et paralyse évidemment les transactions. En facilitant les échanges des biens ruraux, on arriverait à parer aux inconvénients qui résultent de l'article 815 du code civil qui proclamant la règle absolue « que nul n'est tenu de rester dans l'indivision », nous conduit peu à peu à un morcellement de la terre incompatible avec des prix de revient avantageux pour la culture.

Afin de combattre les effets désastreux de cette règle, inscrite dans la loi pour annihiler l'influence des grandes fortunes territoriales, mais qui, si elle a pu avoir des avantages politiques, présente maintenant des désavantages considérables, il faut cesser d'effrayer les amateurs de terres qui reculent toujours devant le chiffre considérable des droits à payer. C'est encore cette crainte qui empêche souvent des échanges entre

propriétaires qui pourraient, grâce à des
concessions réciproques, arriver à pos-
séder des cultures beaucoup moins épar-
pillées sur les territoires de nos com-
munes et par conséquent plus avantageuses. Dans une occupation d'un seul
tenant, l'emploi des machines agricoles
est plus facile, la surveillance des ouvriers plus commode ; il y a plus d'unité
dans le travail et une production à meilleur marché en est la conséquence.
Les droits élevés sur les mutations portent aussi le plus grand préjudice, à
notre agriculture, parce qu'ils élèvent
les prix de location. Plus un propriétaire a de charges à supporter, plus il
loue à des conditions désavantageuses
pour le locataire dont le travail se trouve grevé proportionnellement à la surélévation de son prix de location.

La solution de ce problème se trouve
dans la disparition d'un abus. Cet abus
consiste dans la défaveur des immeubles, par rapport aux meubles. Il ne faut
pas que les conséquences de cette défaveur donnent, plus longtemps, un accroissement considérable aux valeurs
mobilières, pendant que la propriété
immobilière diminue. Nous estimons
qu'il est possible d'augmenter les tarifs
en matière de donations de valeurs
mobilières ; qu'il est possible d'augmenter les droits de transmission de 0,50 %
sur les titres nominatifs et de 0,20 %,
par an, sur les titres au porteur, pour
rétablir la balance et remettre, à peu

près sur le pied d'égalité, le papier et la terre.

Pour cela que suffirait-il de décider ?

Les ventes de deux cents francs et au-dessous devraient être libérées de l'impôt de l'enregistrement. La transcription de ces actes devrait être rendue obligatoire et le trésor devrait se contenter du droit de 1,50 % perçu à cette occasion.

Pour les ventes d'immeubles de 200 fr. à 1000 fr., le droit devrait être atténué de 2 à 3 %, en principal.

Enfin on ne devrait plus percevoir de décimes et se contenter du droit principal qui est bien suffisant.

La seule précaution qu'aurait à prendre l'administration, pour éviter les fraudes possibles par suite de cette révision de la loi, consisterait dans une reprise de droits contre quiconque aurait morcelé ses acquisitions, dans le but évident, de profiter de la faveur attachée aux petites ventes.

Que faire maintenant à l'égard des transmissions entre vifs, à titre gratuit, par voie de donations ?

Toute la question réside encore dans la défaveur dans laquelle sont tenus les immeubles. Pourquoi traiter cruellement le paysan qui donne de son vivant, à ses enfants ou à sa femme, les immeubles qui constituent son seul avoir, qui sont même souvent le fruit d'un travail de plusieurs années, en commun, pendant que l'habitant des grandes villes, qui n'a que des valeurs mobilières à donner à sa famille, est particulièrement favorisé ?

En ligne directe, par contrat de mariage, les transmissions de meubles, fonds d'état ou valeurs mobilières paient 1,25 %, tandis que les immeubles paient 2 fr. 75 % ; hors contrat de mariage, ou en matière de partage anticipé, c'est la même inégalité qui persiste. Entre époux, les donations d'immeubles sont frappées d'un droit qui va de 3 à 4,50 %, pendant que les valeurs mobilières sont toujours favorisées. Pourquoi, encore une fois, ne pas rétablir l'équilibre ? Pourquoi les habitants des campagnes, et il faut le dire aussi, la plupart des habitants de nos villes de province, qui ne connaissant rien aux mystères de la hausse et de la baisse, préfèrent l'acquisition des immeubles, sont-ils aussi peu épargnés par le Trésor ? Il faut absolument trouver un remède, et ce remède est tout indiqué, puisqu'il suffirait de rétablir la balance qui penche beaucoup trop du côté des valeurs mobilières.

Nous arrivons à la méthode, véritablement inique, qui consiste à établir la perception du droit de transmission, par décès, sur tout l'actif sans en déduire le passif. Il faut que nos législateurs reviennent sur le paragraphe 8 de l'article 14 de la loi du 22 frimaire an VII. Le représentant Crétet a essayé d'expliquer cette injustice, dans la sé-

ance du Conseil des anciens du 21 frimaire de la même année. « La contri-
« bution, dit-il, sera très inégale parce
« qu'elle se percevra sur la valeur brute
« des successions. Ce mode est effecti-
« vement le seul praticable, autrement,
« il faudrait procéder à la liquidation de
« toute succession, contradictoirement
« entre le fisc et les héritiers, les con-
« sommer en frais et en lenteurs par des
« formes contentieuses, et cela, indé-
« pendamment du scandale intolérable
« qu'il y aurait à placer les préposés de
« la régie dans un état permanent d'hos-
« tilité contre toutes les familles, et de
« les autoriser à pénétrer dans leurs
« affaires les plus intimes. Il faut en
« conclure que la perception du droit
« d'enregistrement sur la valeur brute
« des successions est justifiée par l'im-
« possibilité d'employer un mode plus
« équitable. » Mais ces raisons, pour
excellentes qu'elles paraissent, sont-
elles bien sérieuses ? Ne devait-on pas
chercher plus longtemps, s'il le fallait,
mais trouver, en somme, un moyen pratique d'arriver à ne pas inscrire une
injustice dans la loi ? D'ailleurs à ce
moment, les droits étaient bien moins
élevés qu'aujourd'hui ; on a pu trouver
alors, un correctif dans leur modé-
ration, mais maintenant qu'ils ont été
augmentés dans de fortes proprotions,
cela devient un motif de plus pour
prendre des mesures, et nous comptons
que le gouvernement de la République

n'y faillira pas. La Belgique nous donne la preuve qu'il est possible de répartir les charges proportionnellement à l'actif recueilli. Nous en trouvons même un exemple chez nous, dans la loi du 28 février 1872, dont les dispositions, relatives à la déduction du passif pour le calcul du droit gradué, ne donnent lieu dans l'application à aucune difficulté. Il suffirait, pour arriver à cette réforme indispensable, d'édicter, par exemple : que les dettes chirographaires devraient être constatées dans un inventaire notarié ; que les dettes hypothécaires devraient être établies par le même moyen. Pour couvrir le déficit à provenir de cette modification de la loi, on frapperait d'un droit plus élevé, les legs entre époux qui ne paient que 3 %, tandis que, par une anomalie singulière, ce droit est de 9 % si, en l'absence de legs, l'époux survivant est appelé à recueillir la succession de son conjoint à défaut d'héritiers. Il n'y aurait aucun inconvénient à faire supporter ainsi, l'équivalent du droit supprimé, à des legs sur lesquels les bénéficiaires ne peuvent compter naturellement. La situation de ces derniers est loin d'être aussi intéressante que celle des descendants en ligne directe qui, recueillant l'héritage paternel, y retrouvent le plus souvent une partie de leur propre travail, indivise avec l'avoir du défunt.

Nous donnons ce moyen, sous bénéfice

d'inventaire bien entendu, mais il est bien certain que pour arriver à la déduction du passif hypothécaire en matière de successions, l'administration des finances, doit faire l'impossible. C'est une injustice que le Trésor commet à l'égard des contribuables, et il doit fournir les moyens de la faire cesser.

Avec le système que nous préconisons, on ferait plus d'inventaires notariés, tandis que maintenant on néglige, par un esprit d'économie souvent mal inspiré, cette formalité plus utile qu'on ne le croit généralement. Il en résulterait aussi que des valeurs de bourse au porteur, des créances chirographaires qui actuellement échappent presque toujours à l'impôt de mutation par décès, n'y échapperaient pas plus que la propriété foncière, et ce serait justice. On se préoccupe, depuis longtemps, du moyen d'atteindre les valeurs au porteur qui disparaissent souvent de l'actif d'une succession, sans qu'on ait pu en trouver la trace. Reconnaissons que souvent, c'est grâce à un partage occulte entre héritiers qui se sont hâtés d'échapper au paiement de l'impôt, mais parfois aussi, il peut y avoir eu vol, dissimulation, au détriment même de ces héritiers qui auraient intérêt à être protégés dans ce cas. La vulgarisation de l'inventaire ne serait certes pas ici un moyen suffisant, mais on arriverait au moins à réunir, grâce aux papiers du défunt, les éléments de sa fortune, et à faire constater les déclarations des gens qui l'entouraient dans ses derniers moments. La preuve de l'utilité de cette mesure est inscrite dans la loi, qui édicte une pénalité civile à l'égard de l'héritier qui aurait diverti des valeurs de la succession, aussi bien qu'à l'égard de celui des époux, qui aurait détourné des objets de communauté.

VII

RÉVISION DES TARIFS DES CHEMINS DE FER
ET APPLICATION A L'AGRICULTURE
D'UNE TAXE *minima*.

Si nous considérons maintenant nos tarifs de chemins de fer, nous trouvons, là encore, l'occasion d'un progrès à accomplir au plus grand profit de l'agriculture.

Dans la grande république américaine, qu'on ne saurait trop citer comme exemple, puisque c'est sa concurrence agricole qui est la plus redoutable, les transports s'effectuent à des conditions bien plus avantageuses que chez nous, et ce fait constitue une véritable protection. Pour ne citer qu'un exemple, le transport des céréales coûte, de un à deux centimes par tonne et par kilomètre, c'est-à-dire un tiers en moins que chez nous ; on est frappé de ce fait, quand on pense, que sur les lignes françaises le bétail étranger paye dix ou vingt pour cent moins que celui né et élevé dans notre pays. Cela tient à la faveur qu'accordent nos compagnies de chemins de fer aux marchandises importées en France et dont le transport augmente d'autant leur trafic.

En 1857, notre agriculture, encore sous le coup du tarif légal, c'est-à-dire de la taxe *maxima* dont les cahiers des charges autorisaient la perception, obtint, à force de réclamations, une certaine réduction. On créa pour elle une quatrième classe dans toutes les compagnies, sauf cependant dans celle du nord, qui s'y refusa. Les amendements agricoles purent être transportés moyennant huit centimes de un à cent kilomètres ; de cent à trois cents kilomètres, moyennant cinq centimes ; au-dessus de ce dernier parcours, ils ne devaient plus payer que quatre centimes par kilomètre. Depuis que les quatre classes de tarifs légaux ont cessé d'être appliqués, elles ont été remplacées, dans un tarif général, par des séries arbitraires, variant avec chaque réseau. En dehors du tarif général, il a été créé des tarifs spéciaux qui comportent des réductions, mais stipulent des avantages équivalents à de véritables compensations. Tantôt, c'est la remise d'un wagon complet de 4.000 à 10.000 kilos, tantôt, c'est la responsabilité de la compagnie écartée, aussi bien pour les manquants possibles que pour les avaries à provenir de chocs en cours de route ; c'est encore l'engagement par les expéditeurs de procéder au chargement et d'assurer le déchargement des marchandises, c'est enfin une augmentation considérable des délais de route. Mais quelle différence entre ces tarifs et ceux dont profitent nos concurrents étrangers !

Cependant ce n'est pas tout, il y a aussi l'obligation pour l'expéditeur de déclarer qu'il fait un choix entre tél ou tel tarif, au point qu'il en arrive souvent lui-même à demander l'application d'une taxe, avantageuse en apparence, mais cruelle en réalité. Quand donc nous débarrassera-t-on de ce fatras de tarifs différentiels, spéciaux, communs, internationaux, de transit, au milieu desquels se perdent les gens les mieux organisés, mais qui n'ont pas le bonheur d'avoir passé quelques années dans les compagnies de chemins de fer en qualité d'employés supérieurs ! Pour quiconque possède le code des tarifs, c'est-à-dire le recueil Chaix, la conviction s'impose que les transporteurs français enserrent l'agriculture, le commerce et l'industrie, dans des subtilités telles, qu'une réforme à bref délai s'impose absolument. La place nous manquerait ici, pour discuter un à un les tarifs appliqués aux divers transports agricoles, mais je le répète, les tarifs sont un des éléments les plus sérieux de la prospérité de l'agriculture aux États-Unis, et l'on est en droit de se demander pourquoi l'agriculture française continuerait à être traitée en ennemie par des compagnies dont le monopole n'existe que par l'abandon de certains droits de l'Etat, abandon fait dans l'intérêt de tous, et non contre les intérêts de tous. Les partisans des compagnies répondent par un argument spécieux. Ils disent que la moyenne des frais de transport s'élève, en France à 0 fr. 06 centimes par tonne et par kilomètre, tandis que cette moyenne serait plus élevée chez la plupart de nos voisins d'Europe. Nous verrons, tout à l'heure, ce qu'il faut penser de cet argument, mais appelons de suite l'attention sur ce fait qu'on paraît jouer bien facilement avec les centimes en matière de transport. Cependant, il faut bien se garder de ce sans façon ; il faut comprendre que la moindre fraction de chiffre rend un tarif onéreux, de protecteur qu'il était, qu'une très-faible variation, dans tel ou tel sens, rend un produit accessible ou inaccessible à la consommation. Or, veut-on savoir ce que pense des intérêts généraux de l'agriculture et de la consommation M. Solacroup, directeur de la compagnie d'Orléans ? « Pour une distance déterminée » disait-il, le 5 juin 1878, devant la commission sénatoriale des chemins de fer, « on ne peut pas demander à la « marchandise, sur une ligne concur-

« rencée par une rivière, un canal, ou
« par le cabotage, ce qu'on lui demande
« sur une ligne à profil accidenté, tra-
« cée dans les montagnes et à l'abri de
« toute concurrence. Or, en matière de
« tarification de transports, il n'y a
« qu'une seule règle qui soit rationnelle
« *c'est de demander à la marchandise*
« *tout ce qu'elle peut payer.* Tout autre
« principe est arbitraire. »

C'est là la théorie de toutes nos compagnies.

Mais alors que deviennent les intérêts de l'agriculture, tant menacée, si on lui fait payer tout ce qu'il est possible de percevoir sur elle ? Que deviennent également les intérêts de la masse des consommateurs si, selon qu'une compagnie aura intérêt ou nonà ruiner tel ou tel concurrent gênant, elle doit payer des produits plus ou moins cher? L'alimentation générale est donc entre les mains de maisons de commerce privilégiées, vivant de taxes perçues selon les circonstances, à des taux plus ou moins élevés? Mais les fermiers généraux ont disparu pourtant, et l'ordonnance du 15 novembre 1846 n'a pas non plus cessé d'exister. A-t-on donc oublié qu'elle est précédée de ces mots : « Les chemins de fer font essen-
« tiellement partie du domaine public ;
« ils ne peuvent être exploités que *dans*
« *l'intérêt de tous.* »

En dehors de tarifs moins élevés, on peut encore réclamer des compagnies, la réduction du nombre considérable de ceux qui existent, car il y a maintenant 456 tarifs communs, 1063 tarifs spéciaux, 33 tarifs d'exportation, 302 tarifs internationaux, soit en tout 1854 tarifs !

S'ils concordaient, au moins ! mais on a constaté, en comparant entre eux les tarifs moyens kilométriques, des différences de 40 à 50 %, qui sont encore bien plus sensibles, si l'on établit la même comparaison entre les tarifs spéciaux. Ainsi, l'on trouve que le transport du charbon est, dans certaines contrées, frappé de taxes doubles de celles perçues dans d'autres parties de la France. Cela est un sérieux obstacle à la facilité des transactions qui se trouvent généralement d'autant plus favorisées, que les prix de revient, dans lesquels le transport entre souvent pour une part importante, sont plus commodes à calculer.

Quel est le remède à de pareils abus? c'est l'uniformité des tarifs sur tous les réseaux, avec une subdivision ne comprenant pas plus de cinq à six classes de marchandises. Celles de plus grande valeur, seraient comprises dans les premières classes, dont les tarifs reposeraient exactement sur la distance kilométrique parcourue ; les autres classes paieraient un prix uniforme, jusqu'à un nombre de kilomètres, passé lequel, les taxes seraient diminuées pour ceux restant à parcourir. Ce système nous paraît le plus équitable, parce que, pour les petits, comme pour les grands parcours, les frais généraux de gare, de chargement et de déchargement étant les mêmes, il est naturel que la répartition de ces frais sur un plus grand nombre de kilomètres diminue d'autant le *quantum* de la perception. Ce système est pratiqué sur les lignes de l'Etat belge, pourquoi ne nous serait-il pas applicable ?

Nous revenons maintenant à la prétention des partisans de nos compagnies, que nous avons signalée plus haut, et à laquelle nous avons promis de répondre. Il s'agit de l'objection tirée de ce que le prix moyen des transports en France est de six centimes par tonne et par kilomètre, tandis que ce prix moyen est plus élevé chez quelques-uns de nos voisins. On le voit de suite, l'objection est limitée au transport des marchandises. On se garde bien de parler du prix des places des voyageurs, plus élevé en France qu'en Allemagne, en Autriche, en Belgique, en Danemarck, en Grèce, en Italie, en Norwège, en Suède, en Suisse, au Portugal et dans les Pays-Bas.

Ainsi il ne reste que les marchandises, et il suffit d'une explication des plus simples pour confondre nos contradicteurs. On sait que nos prix de transport ne sont autre chose que le produit des tarifs kilométriques multipliés par le nombre de kilomètres parcourus. Donc, plus le chiffre de ces kilomètres sera élevé, plus élevés seront aussi les bénéfices réalisés. Prenons maintenant des chiffres. L'Angleterre, par exemple, a un parcours moyen de 60 kilomètres pendant qu'en France les marchandises transportées font en moyenne un chemin de 142 kilomètres. On s'explique dès lors que la multiplication du chiffre 142 par 6 centimes, donne évidemment aux compagnies françaises un bénéfice bien supérieur à celui produit par la multiplication du chiffre 60 par 7 ou 8 centimes, en admettant, par impossible, une pareille moyenne pour l'Angleterre. Ce raisonnement s'applique à tous les pays, dans lesquels le parcours moyen, accompli par les marchandises transportées, est moins considérable qu'en France. On en peut déduire que l'argument donné par les partisans de nos compagnies n'est pas un argument sérieux. En maintenant leur moyenne de 6 centimes, elles n'en font pas moins un acte contraire aux intérêts de l'agriculture, de l'industrie et du commerce. Plus généralement, elles agissent même contre les intérêts du pays tout entier. Ne sommes-nous pas, en effet, très-gravement menacés par la coalition des tarifs, organisée en ce moment, contre nous, par les gouvernements allemand, belge et italien qui ont la haute main sur leurs chemins de fer, et comptent bien en profiter pour dériver, grâce au tunnel du Saint-Gothard, le trafic de l'Orient, au profit des lignes qui vont réunir Ostende à Brindisi, Anvers à Gênes?

Nous venons d'établir qu'une révision des tarifs est nécessaire, aussi bien pour arriver à la réduction de leur nombre, qu'à leur uniformité sur toutes les lignes et à la diminution des taxes qu'ils établissent ; ce serait, à notre sens, la voie la plus sûre, pour arriver à l'application, en faveur de l'agriculture, d'une taxe minima, véritablement protectrice. Il faut étudier maintenant la question de savoir si cela est possible, avec nos compagnies de chemins de fer. Nous penchons pour la négative et nous le démontrerons dans un prochain article.

Nous estimons que cette situation désastreuse ne peut être tranchée que par une solution radicale, la cessation de l'exploitation de nos voies ferrées dans les conditions actuelles. Nous n'ignorons pas que la Chambre de commerce de Saint-Omer et après, comme avant elle, beaucoup d'esprits sages et compétents, ont émis un avis contraire. Nous n'en exposerons pas moins notre opinion avec l'assentiment du bienveillant rédacteur en chef du *Mémorial Artésien*, notre excellent ami Ernest Fleury. Il considère que dans une question de cette gravité, un journal sérieux doit être comme une tribune ouverte à la manifestation de toutes les opinions. C'est, à notre sens, la seule manière d'étudier un problème qui intéresse si vivement le pays, et nous l'en félicitons.

VIII

RACHAT DE NOS LIGNES FERRÉES PAR L'ÉTAT. LEUR EXPLOITATION PAR DE NOUVELLES COMPAGNIES, OU PAR LES ANCIENNES, MAIS SUR DE NOUVELLES BASES.

Nous n'avions pas prononcé de suite le mot « rachat » pour ne pas laisser le lecteur sur un mot inexpliqué. Ce mot était cependant il y a quelques mois sur toutes les bouches, et l'on peut dire qu'il était prononcé sans frayeur, lorsqu'est apparu le rapport de M. Lebaudy, député de Seine-et-Oise. On sait que la grande commission législative de chemins de fer, s'était subdivisée en trois sous-commissions. Au nom de la première, M. Waddington a étudié spécialement la question des tarifs, et mis en pleine lumière, la nécessité d'une réforme sur ce point. M. Baïhaut, au nom de la seconde, a démontré que toute réforme était impraticable sans le rachat, et qu'au demeurant, cette opération est un droit dont l'exercice ne présente aucun danger. Enfin, et malheureusement, M. Lebaudy, chargé d'étudier quel serait le meilleur régime d'exploitation pour l'intérêt général, a conclu au rachat..... et à *l'exploitation par l'Etat*. Et ces mots seuls « exploitation par l'Etat » ont rendu l'espoir aux compagnies menacées, ont fait peur aux esprits les plus sérieux. Comment le gouvernement serait devenu le maître de nos voies ferrées, et, substituant ses agents à ceux déjà en place, aurait substitué la bureaucratie gouvernementale à la bureaucratie industrielle !

C'est par ces trois mots que M. Lebaudy a rendu les conclusions de son rapport, impraticables. Il a laissé supposer que la première mesure entraînait fatalement l'autre.

Il n'en est rien pourtant.

L'Angleterre vient d'acheter à des particuliers l'East Indian Railway, la plus importante ligne de l'Inde, et qu'a fait le gouvernement après le rachat ?

« Attendu, a-t-il dit, que le pouvoir exécutif est impropre à l'exploitation commerciale d'un chemin de fer, qui requiert des habitudes et des connaissances spéciales ; attendu que la meilleure administration officielle que l'on puisse concevoir, étant dépourvue du stimulant fécond de l'intérêt privé, sera

toujours dans des conditions d'infériorité tenant à la nature même des choses, nous proposons de confier *l'exploitation future à la compagnie rachetée,
qui a fait ses preuves, en l'intéressant
pour 20 %, dans les bénéfices.* »

Et le Parlement anglais qui s'entend
en affaires, n'a pas hésité à ratifier la
conduite du gouvernement de la Reine.

Pourquoi ce qui est jugé pratique par
l'Angleterre, ne le serait-il pas par la
France ?

Pourquoi nos compagnies actuelles,
ou d'autres à leur place, ne consenti-
raient-elles pas à accepter une exploitation basée sur des tarifs protecteurs
pour l'agriculture, le commerce et l'industrie, et ne se contenteraient-elles
pas des bénéfices légitimes que leur
donnerait une exploitation plus nationale, bénéfices qui ne tarderaient pas
d'ailleurs à être considérables, ainsi
que nous le démontrerons bientôt par
des exemples ?

Mais hélas ! nos Chambres de commerce et quelques Conseils généraux,
refusant de voir, dans le rachat, autre
chose que l'exploitation directe par
l'Etat, ont, par leurs démonstrations
successives, qui semblent d'ailleurs
coulées dans le même moule, donné
des armes aux compagnies.

Que n'ont-ils imité la sage prudence
du Conseil général de l'Hérault qui a,
sous l'inspiration bien avisée de M. de
Lapeyrouse, renvoyé à la session d'a-

vril 1881, la discussion d'un rapport de M. Leroy-Beaulieu, rédacteur au journal des *Débats*, qu'on sait être l'écho de nos compagnies. Ce rapport tendait, bien entendu, à l'émission d'un vœu favorable aux clientes privilégiées de l'honorable conseiller général.

Après une discussion approfondie, le Parlement se prononcera, on peut presque le prédire, pour le rachat par l'État et l'exploitation pas des tiers, mais sur d'autres bases. En dehors du Parlement, au contraire, le vent paraît être au *statu quo*. On parle même d'un projet de transaction qui serait en ce moment préparé et sur le point d'être proposé au gouvernement.

Aboutira-t-il ?

Cela me paraît impossible. Les compagnies ne peuvent consentir ni à la réduction, ni à l'uniformité des tarifs, parce qu'elles retomberaient à la charge de leurs actionnaires en restreignant les dividendes qu'ils peuvent espérer pour l'avenir à un dividende moyen, fixé une fois pour toutes. Nous nous expliquerons plus loin sur les conséquences financières du rachat, mais la réduction des dividendes, signalée par les compagnies, n'est pas moins certaine en principe. Aussi ont-elles fait remarquer à l'enquête du Sénat, que leurs tarifs constituent une propriété véritable, acquise à titre onéreux et aussi inviolable que toute autre. Elles ont alors ajouté, qu'elles ne connaissaient que deux moyens légaux pour arriver à leur dépossession : l'expropriation, ou le rachat conformément à l'article 37 des cahiers des charges. Mais puisque tout cela est exact, comment espère-t-on arriver à l'uniformité et à la réduction des tarifs par voie de transaction ? Comment les compagnies concéderaient-elles à l'amiable, ce qu'elles déclarent ne vouloir concéder que par les moyens de coercition, l'expropriation ou le rachat ?

Donc nous n'aurions qu'une transaction voisine du *statu quo*, on donnerait d'un côté pour reprendre d'un autre. Nous estimons qu'on nous prépare un replâtrage qui ne peut être accepté par le gouvernement de la République qui nous le répétons, n'oubliera pas que le monopole n'a été au début qu'une simple délégation donnée par l'Etat. En outre, ce dernier, n'a rien voulu concéder qui fût contraire à l'intérêt général. Un replâtrage ne saurait donc être pris au sérieux par la nation, et il faut qu'une solution définitive intervienne.

Mais le rachat peut-il avoir lieu légalement, et ne sera-t-il pas une opération financière désastreuse pour l'Etat ?

C'est l'article 37 du cahier des charges de toutes les concessions qui répond à la question de légalité.

Il est ainsi conçu :

« A toute époque, après l'expiration
« des quinze premières années de la
« concession, le gouvernement aura la

« faculté de racheter la concession en-
« tière du chemin de fer.

« Pour régler le prix du rachat, on
« relèvera les produits nets annuels
« obtenus par la compagnie pendant les
« sept années qui auront précédé celle
« où le rachat sera effectué ; on en dé-
« duira le produit net des deux plus
« faibles années, et l'on établira le pro-
« duit net moyen des cinq autres an-
« nées.

« Ce produit net moyen formera le
« montant d'une annuité qui sera due
« et payée à la compagnie pendant cha-
« que année restant à courir sur la du-
« rée de la concession.

« Dans aucun cas, le montant de
« l'annuité ne sera inférieur au pro-
« duit net de la dernière des sept an-
« nées prises pour termes de compa-
« raison. »

Que si l'on se trouvait en face de
compagnies ayant moins de quinze ans
d'exploitation, on trouverait facilement
les bases d'une entente, ne serait-ce
que celle inscrite dans l'article 12 de la
loi du 13 mars 1874, dont l'article 1er,
contenant la concession du chemin de
fer Bergerac au Buisson, indique la
règle suivante :

« En ce qui concerne les compagnies
« déjà existantes, si le gouvernement
« exerce le droit qui lui est réservé
« par l'article 37 du cahier des charges
(article que nous venons de citer),
« la compagnie pourra demander que

« les lignes, dont la concession remonte
« à moins de quinze ans, soient évaluées,
« non d'après leurs produits, mais d'a-
« près leur prix réel de premier éta-
« blissement.

« Conformément au cahier des char-
« ges, les concessions éventuelles, ren-
« dues définitives par la présente loi,
« prendront fin en même temps que le
« réseau de la compagnie auquel elles
« appartiennent. »

Ainsi la base du rachat pour les anciennes comme pour les nouvelles compagnies, est là, sous la main.

Voyons maintenant, au moins pour
les anciennes, qui sont de beaucoup les
plus importantes, l'économie du système adopté pour le rachat dans l'article 37.

D'abord qu'est-ce que le produit net ?

C'est la différence entre la recette
totale et les dépenses de l'exploitation.
Calculé, suivant les termes de l'article
37 ci-dessus cité, il serait dû, à chaque
compagnie, pendant chacune des années restant à courir pour leur exploitation, c'est-à-dire jusqu'en 1954. Il
leur serait servi sous forme d'annuités,
qu'elles devraient employer à payer
leurs dividendes, l'intérêt de leurs obligations, ainsi qu'à amortir ces dernières.

Donc, par le seul fait du rachat, le
Trésor, ou quelqu'un pour lui, encais-
serait ce produit net moyen et cet encaissement représente une somme exac-

tement égale à celle qui devrait être versée aux anciennes compagnies.

Donc que l'Etat laisse aux compagnies actuelles le soin de payer ce dividende, avec les intérêts des obligations ; qu'elles restent chargées d'amortir ces dernières ou que, par suite d'une entente à intervenir, ce soin soit laissé à des compagnies constituées sur de nouvelles bases, le service des titres est assuré par l'Etat jusqu'en 1954, et, après la déduction du produit net moyen, le surplus des bénéfices profitera aux compagnies exploitantes et au Trésor.

Le rachat, ainsi opéré, loin de nuire aux valeurs des chemins de fer français, les mettrait sur le pied d'égalité avec nos rentes et assurément, cela leur donnerait un nouvel essor en bourse.

Nous n'ignorons pas que les partisans de nos compagnies répondent fort allégrement que les valeurs de chemins de fer n'ont pas besoin de cette consécration pour obtenir des cours véritablement magnifiques. Nous sommes de leur avis, mais est-il bien prudent d'avancer un pareil argument ? N'est-ce pas un peu se jeter à soi-même le pavé de l'ours ?

Prenons des chiffres et demandons-nous d'abord quelle était la valeur totale des actions des six grandes compagnies à la date du 2 janvier 1879, par exemple :

Le Nord valait............... 1390
L'Orléans................. 1168
Le Lyon.................. 1075
Le Midi................... 850
L'Ouest.................. 757
L'Est.................... 675

Cette valeur était donc de.. 5915

Quelle était cette valeur en janvier 1880 ? d'après la cote officielle, elle était de 6,070.

Si donc l'on déduit 5,915 de 6,070 on trouve que l'augmentation produite sur ces titres pendant l'année 1879 est de 1,55.

Mais voici qu'en 1880, il est gravement question du rachat des chemins de fer et, à prendre la cote au 10 octobre présent mois, on trouve le total suivant :

Le Nord vaut............. 1630
Le Lyon................. 1420
L'Orléans............... 1228
Le Midi................. 1045
L'Ouest................. 810
L'Est................... 771

6904

6904 ! c'est-à-dire en neuf mois une hausse, sur le 2 janvier 1880, de plus de 8 unités ; ou un peu plus de cinq fois la hausse constatée au 2 janvier 1880 sur les cours du 2 janvier 1879.

Mais que conclure de cette hausse continue ?

Deux conséquences : ou bien les compagnies ne font que gagner du temps en proposant des transactions qui, nous le répétons, ne peuvent aboutir, et dirigent un mouvement de hausse dont il serait bon qu'on connût les véritables motifs ; ou bien, et nous nous plaisons à préférer cette explication, la crainte du rachat n'est pas une crainte sérieuse pour les capitalistes qui comprennent qu'ils n'ont rien à perdre. Ils s'attendent sur le prix des titres à une plus value certaine, parce qu'il y aura eu, purement et simplement, substitution du dividende moyen définitivement fixé, comme nous l'avons dit plus haut, à des dividendes variables jusqu'à l'expiration des concessions ; et pour le paiement de ce dividende, substitution du Trésor aux compagnies. Ainsi que l'a dit M. Baïhaut, dans son remarquable rapport:

« Avant le rachat, c'est le produit net des lignes qui fait face à l'intérêt et à l'amortissement des actions et des obligations ; après le rachat, ce serait l'Etat qui, bénéficiant, directement ou indirectement, des résultats de l'exploitation, servirait l'annuité à répartir. »

Nous arrivons maintenant à l'argument tiré de la valeur du matériel des chemins de fer, nous verrons qu'il n'est pas non plus irréfutable ; puis nous passerons en revue divers autres arguments d'un intérêt secondaire mais qui ne méritent pas moins un examen sérieux.

IX

EXAMENS DE DIVERS ARGUMENTS PRÉSEN-
TÉS EN FAVEUR DES COMPAGNIES DE
CHEMINS DE FER.

La question du matériel est réglée
par l'article 36 ainsi conçu :

« En ce qui concerne les objets mo-
« biliers, tels que matériel roulant, les
« matériaux, combustibles et approvi-
« sionnements de tout genre, le mobi-
« lier des stations, l'outillage des ate-
« liers et des gares, l'Etat sera tenu, si
« la Compagnie le requiert de repren-
« dre tous ces objets sur l'estimation
« qui en sera faite à dire d'experts, et
« réciproquement, si l'Etat le requiert,
« la Compagnie sera tenue de les céder
« de la même manière.

« Toutefois l'Etat ne pourra être tenu
« de reprendre que les approvisionne-

« ments nécessaires à l'exploitation du
« chemin pendant six mois ».

Voilà la règle, elle est tellement claire
qu'il est permis de se demander comment les compagnies en peuvent tirer
argument.

Nous savons bien qu'elles se placent
toujours au point de vue de l'exploitation directe par l'Etat et que, prises
d'une inquiétude subite pour ses intérêts, elles se demandent comment il
irait faire une pareille dépense.

D'abord il le ferait à dire d'experts
et les contribuables auraient des chan-
ces pour en avoir pour leur argent, et
pourquoi ne pourrait-il pas les céder,
à son tour, aux mêmes conditions, des
compagnies nouvelles, ou aux anciennes
réorganisées sur de nouvelles bases.

Bien plus, ce faisant, l'Etat rentrerait
dans une somme de plus de six cents
millions, versées à nos grandes Compagnies en vertu de la loi de 1859 sur la
garantie d'intérêt. En effet, « à l'expi-
« ration de la concession, ou dans le
« cas d'application de la clause du ra-
« chat stipulé par l'article 37 du cahier
« des charges, si l'Etat est créancier
« de la Compagnie le montant de sa
« créance sera compensé, jusqu'à due
« concurrence, avec la somme due à
« la Compagnie pour la reprise du ma-
« tériel, aux termes de l'art. 36 du dit
« cahier des charges ».

Et puis, il nous semble que les Compagnies font sonner bien haut la valeur

de ce matériel. Il est incomplet puisque
le commerce et l'industrie formulent, à
chaque instant, des plaintes à ce sujet.
N'avons-nous pas vu aussi se créer
dernièrement une Compagnie dont les
opérations doivent se borner à la location d'un matériel de petite vitesse ?
Quant aux transports de voyageurs,
n'avons-nous pas sous les yeux les
progrès constants de la Compagnie des
Sleping-Carrs qui, pour donner un bien
être supérieur à celui que réclame la
masse des voyageurs, n'en a pas moins
été inspirée par l'absence absolue de
confortable dans les voitures de nos
grandes Compagnies ?

On nous objecte encore que l'Etat,
une fois maître de nos chemins de fer,
ce serait contre lui que les contribuables auraient à poursuivre les réclamations pour retards, avaries, etc. ; que
dès lors ce seraient des procès à demi
perdus. N'a-t-on donc jamais vu un par-
ticulier gagner son procès contre l'Etat ?
Tenir un pareil langage, n'est-ce pas
laisser supposer qu'il n'y aurait plus de
juges en France ? Mais, encore une fois,
il ne s'agit pas de cela. L'Etat n'exploi-
tant pas, s'étant à l'avance déchargé de
la partie commerciale, moyennant la
seule condition de la modification des
tarifs, n'est-il pas certain que les Compagnies seraient seules responsables
des faits et gestes de leur exploitation ?
D'ailleurs, espérons-le, si le rachat a
lieu, on prendra des mesures pour di-

minuer le plus possible les occasions de procès. Pour les questions de retard on a le remède indiqué par M. Michel Chevalier dès 1863.

Il proposait de décider :

Que le récipissé devrait toujours mentionner une retenue pour le cas de retard ;

Que la retenue encourue devrait varier, suivant la durée du retard, du dixième au tiers du prix de transport, indépendamment des dommages et intérêts, pour le cas où le préjudice serait plus considérable. Une pareille mesure ne suffirait pas cependant. Il faudrait modifier aussi le texte de l'art. 105 du code de commerce, lequel est ainsi conçu : « La réception des objets transportés et le paiement du prix de la voiture éteignent toute action contre le voiturier ».

Le plus souvent les colis sont livrés aux destinataires sans qu'ils aient le temps de peser les raisons qui devraient leur faire formuler des réserves. Et puis en sont-ils toujours capables ? Nous avons établi que les tarifs spéciaux, tels qu'ils existent actuellement, constituent un véritable imbroglio. Mais à ne prendre que le tarif général, en ce qui concerne les réclamations pour retard, sont-ils bien nombreux les destinataires qui savent que les marchandises doivent parcourir 125 kilomètres par vingt-quatre heures, et que les compagnies n'ont droit en outre qu'au jour du départ, à celui de l'arrivée et à celui de la transmission, s'il y a eu passage du colis d'une Compagnie à une autre ?

Combien y a-t-il de destinataires capables de se rendre compte, presque instantanément, de l'exactitude du calcul des taxes appliquées ?

Combien y a-t-il de destinataires qui sachent que, malgré la stipulation de non garantie au profit de la Compagnie, il y a pourtant responsabilité pour cette dernière, si l'avarie, provenue en cours de route, n'est pas due au vice propre de la chose.

Voilà pourquoi l'on doit demander que l'art. 105 ne soit applicable qu'à la charge par les Compagnies d'avoir divers modèles de lettres de voiture de manière à donner, selon les cas, connaissance au destinataire des diverses clauses du contrat intervenu à l'origine entre elles et l'expéditeur. Au point de vue dn transport des voyageurs, que dire encore de la Compagnie de l'Ouest qui, pendant vingt-cinq ans, a perçu, contrairement à des dispositions non abrogées, plus d'un million et demi sur les voyageurs de la banlieue de Paris, pour avoir oublié que les cahiers des charges ordonnent, non-seulement la composition de tout convoi ordinaire avec des voitures des trois classes, à moins d'exception autorisée, *en faveur du public*, mais encore la fixation d'un prix maximum de transport *ne pouvant jamais être dépassé*. Il suffit pour s'en convain-

cre de se reporter à l'article 43 du mo-
dèle du cahier des charges, au rapport
fait par M. le ministre des travaux publics au roi des Français le 15 novembre
1846, à l'ordonnance du même jour, et
à la circulaire du 31 décembre de la
même année.

On dit encore, à l'avantage des chemins de fer actuels, que si les compagnies ne peuvent admettre une réduction notable sur leurs tarifs de peur,
ainsi que nous le disions plus haut, de
ne pouvoir servir à leurs actionnaires
des dividendes suffisants, l'Etat ou
d'autres Compagnies à sa place, ne
pourront davantage supporter les sacri-
fices exigés pour la réalisation des transports à bon marché. Nous répondrons
qu'il est au moins permis d'avoir un
doute sur l'attitude des Compagnies.
Que leur résistance peut aussi bien
provenir de la peine qu'elles éprouvent
à consentir à la réduction de leurs gros
bénéfices, que de la prétendue impossibilité de cette réduction. Nous voyons
d'ailleurs, pour notre part, un moyen
d'y remédier à tout évènement. On
pourrait ne pas abaisser, à priori, les
tarifs existants. Il y aurait aussi à réaliser
de suite un assez gros chiffre d'économies par un groupement plus sérieux
des lignes principales et secondaires, ce
qui entrainerait une diminution dans les
frais généraux d'exploitation. Et puis
serait-ce médire, par hasard, de penser, que pour arriver à la réduction

de tarifs, il faudrait peut-être commencer par réduire certains gros traitements ? On arriverait ainsi, dans un bref délai, à l'application aux chemins de fer, du système des dégrèvements successifs. L'heure paraît propice, car les excédents de recettes qui étaient en 1878 de 50 millions sur 1877, se sont chiffrés en 1880 sur 1879 par plus de 50 millions sur le premier semestre. A la fin de l'année ils s'élèveront peut-être à cent millions ! Et une réduction sérieuse des tarifs ne serait pas possible ! Elle l'est avec les recettes actuelles, elle le serait encore bien plus, au fur et à mesure des dégrèvements, car on trouve dans le rapport remarquable de M. Richard Waddington à la Chambre, des statistiques qui démontrent que plus les tarifs sont bas, plus il y a de déplacements et de transports.

Ainsi, nous n'avons par habitant, qu'un peu plus de trois déplacements tandis qu'en Prusse la moyenne est de 4, 4 ; en Belgique de 9, 6, en Angleterre de 17, 2. Dans notre pays, on ne transporte qu'une tonne 620 de marchandises par habitant, tandis qu'en Belgique ce chiffre est de 5 et en Grande-Bretagne de 6, 620.

Mais il y a pas d'autres exemples. L'abaissement du prix des timbres-postes et la suppression d'un maximum de mots, dans les dépêches, ont eu les meilleurs résultats, pourquoi ne se produiraient-ils pas pour les chemins de fer ?

Enfin qu'on ne dise pas non plus que le rachat serait une mauvaise spéculation parce que, en cas de diminution des transports, l'Etat serait exposé à faire de mauvaises affaires. L'Etat ne peut être engagé davantage puisque, si une pareille situation se produisait, la garantie d'intérêt, consentie par lui, augmenterait proportionnellement à la diminution des recettes des Compagnies.

Nous espérons donc que, pour toutes les raisons ci-dessus développées, le gouvernement actuel voudra obtenir, par tous les moyens possibles, une tarification protectrice pour l'agriculture, le commerce et l'industrie. Nos puissantes compagnies continueront évidemment à demander à notre Ministre des travaux publics l'homologation de tarifs qu'elles appelleront des tarifs de conciliation ; mais le gouvernement ne perdra pas de vue, qu'en augmenter encore le nombre, ce serait mettre un obstacle de plus à la réduction, à l'uniformité et à l'égalité qui s'imposent à toute tarification sérieuse. Il ne voudra pas laisser suivre plus longtemps dans les bureaux du ministère compétent, la ligne de conduite si chère à M. de Franqueville ancien directeur-général des chemins de fer, dont on a pu écrire les lignes suivantes : « Constituer un très-petit nombre de monopoles, les confier exclusivement aux plus riches représentants de l'aristocratie financière ; se reposer sur eux pour la création de nos voies ferrées ; leur assurer à tout prix les avantages des concessions qui leur étaient généreusement octroyées ; sacrifier à leur satisfaction les intérêts les plus sacrés du commerce et de l'industrie ; ne tenir aucun compte des réclamations même les plus modérées du public, telle a été la politique de l'empire en matière de travaux publics.

« Cette politique fortement attaquée, sous le régime du 4 septembre et sous la présidence de M. Thiers, sut alors se dissimuler adroitement. Mais elle reparaît avec énergie dès le lendemain du jour où triomphe l'ordre moral. Tout ce qui, sous l'empire, avait bénéficié des faveurs du régime impérial, recommença alors à s'agiter, et les mêmes ambitions, qui avaient exclusivement profité du régime de monopole établi sous l'empire, se groupèrent, se reformèrent. Et on les a vues, dans les derniers moments de l'Assemblée nationale, remporter, au détriment du pays une nouvelle victoire.

« Quelle fut l'âme de cette déplorable réaction ? ce fut M. de Franqueville.

« Il ne serait pas convenable quand sa cendre est à peine froide, d'analyser tous les justes reproches que la France est en droit de lui adresser. Nul plus que lui n'a contribué au maintien du régime impérial ; il disciplinait toutes les ambitions financières, il était l'un des instruments les plus actifs du despotisme, l'un des plus dangereux ennemis de la liberté et du progrès ».

X

VINAGE DES VINS PAR ADDITION D'ALCOOL.

Nous arrivons maintenant à une mesure de protection, aussi nécessaire qu'efficace, qui a échoué non seulement devant le parti pris d'un grand nombre de représentants des intérêts du midi de la France, mais encore, et surtout, devant l'attitude effacée du Gouvernement, au moment de la discussion en séance publique, du projet de loi tendant à l'organisation d'un nouveau mode de perception des droits sur les alcools employés au vinage des vins par addition.

Il ne faut pas pour cela, renoncer à réclamer cette mesure, destinée à venir en aide à la production agricole et industrielle, parce qu'elle lui donnerait de nouveaux débouchés, en même temps que les moyens de lutter à armes plus égales avec la concurrence étrangère. Elle favoriserait aussi le Trésor. Il est reconnu, en effet, que les impôts exorbitants arrêtent la consommation, au détriment des intérêts de tous. Ils poussent à la fraude, qui enrichit, en raison directe de l'importance des droits fraudés, tandis que les impôts modérés la combattent, en lui retirant de son intérêt ; sans compter qu'ils vulgarisent toujours des produits jusque-là inaccessibles à la masse des consommateurs.

Les exemples sont là : c'est l'augmentation des recettes des postes et télégraphes, dont nous avons déjà parlé ; c'est encore le dernier dégrèvement sur les sucres, basé sur des statistiques et des renseignements qui permettent d'affirmer qu'en deux ans, il y aura une plus value de trente millions, suffisante pour couvrir le déficit provenant de la réduction des taxes.

Sous prétexte que les alcools du Nord paient un droit de 156 fr. on fabrique dans le midi, par la distillation des vins, des alcools nécessaires à la conservation de ceux qu'on ne distille pas. L'Etat y perd les droits qui seraient perçus sur les quantités d'alcools du Nord employés aux lieu et place de ceux du Midi, et aussi ceux que paieraient les vins qui disparaissent par la distillation, et qui pourraient être vinés à leur tour. La masse des consommateurs se trouve, d'autre part, lésée par l'élévation du prix des vins.

Le vinage par les alcools d'industrie, entouré de garanties sérieuses pour la santé publique, aussi bien que pour les intérêts du Trésor, supprimerait les vinages illicites en les rendant inutiles, ainsi que la concurrence étrangère, dont nous parlerons plus bas.

A l'heure actuelle, le vinage s'opère par plusieurs moyens qui sont tous préjudiciables au Trésor.

S'opère-t-il chez le producteur par la distillation d'une partie de sa récolte?

Il est une source de fraudes de toute sorte. Une enquête a été faite, il y a quelques années, qui a démontré ce fait d'une façon péremptoire. Et d'ailleurs cela s'explique facilement, par l'accord existant entre le bouilleur de cru qui distille comme bon lui semble, jusqu'à concurrence ou au-delà de ses besoins, et le marchand de vins, qui ne peut distiller ou se servir d'alcools sans payer les droits. Les excédants de l'un passent chez l'autre, qui les emploie aussitôt et n'a plus que du vin à montrer, lors des recensements de la régie.

Cela est si vrai, qu'à la suite de la loi du 14 décembre 1875 qui a rétabli les priviléges des bouilleurs de cru, il a été constaté que, pour l'année 1876, dans treize départements où il n'y a pas de bouilleurs de cru, les quantités imposées d'alcool avaient augmenté de 14.104 hectolitres, représentant deux millions de droits, tandis que dans 31 départements, où l'on compte le plus

de bouilleurs de cru, les quantités tou-
chées par l'impôt, avaient diminué de
25.420 hectolitres, entrainant ainsi pour
le Trésor une perte de plus de quatre
millions !

En 1878, il est vrai, il y a eu progression dans les perceptions du Trésor,
mais on peut affirmer, sans crainte
d'être démenti, que cette progression a
été acquise, non seulement grâce aux
droits payés sur les alcools d'industrie
employés au vinage, (et ils ont été
jugés excellents alors, à la suite d'une
récolte insuffisante), mais encore à cause d'un accroissement sensible dans
la consommation générale.

Il y a encore les fraudes opérées par
le distillateur de raisins secs qui ren-
trent en France en franchise, les fraudes commises par les exportateurs qui
vinent leurs vins destinés à la consommation intérieure, avec des excédants
de trois six, dont ils peuvent disposer
grâce à la franchise dont ils jouissent
au moment de l'embarquement. Cette
dernière opération est facilitée par l'art.
21 du décret du 17 mars 1852, aux termes duquel les vins destinés aux pays
étrangers peuvent, aux ports d'embar-
quements ou anx points de sortie, recevoir en franchise des droits; une addition illimitée d'alcool, pourvu que les
mélanges soient effectués en présence
des employés de la régie et que l'embarquement ou l'exportation ait lieu sur
le champ.

Le vinage s'opère-t-il à l'étranger ?
Il est encore évidemment préjudiciable
au Trésor.

En effet, pendant que tout producteur français, qui veut additionner d'alcool industriel un vin trop faible, doit payer, par hectolitre employé, un droit de 156 fr. 25, la plupart de nos voisins d'Europe peuvent introduire en franchise, dans notre pays, des vins titrant 15°. Il n'y a qu'à partir de ce chiffre qu'ils payent.

L'art. 6 de la loi du 8 mai 1869 qui établissait le paiement du droit à partir de 14° a été abrogé par la Chambre et remplacé par la disposition suivante :
« Les vins titrant plus de 15° acquitteront
« à l'avenir le droit d'importation sur
« l'alcool sur la quantité d'esprit excé-
« dant 15°, et le droit d'importation sur
« le vin, sur le reste du liquide ».

Cette disposition, intercalée dans le tarif des douanes, ne sera définitive qu'après le vote du Sénat, mais elle est dores et déjà appliquée en vertu des traités qui nous lient avec tous les pays d'Europe, excepté la Grèce et lo Danemarck ?

Mais constitue-t-elle une mesure équitable ? Nous ne le pensons pas. Elle ne met pas nos nationaux sur le pied d'égalité avec nos vosins, et elle est préjudiciable à l'industrie de l'alcool en France.

Voici pourquoi : on peut poser en principe, qu'à part les vins du Roussillon qui titrent jusqu'à 18° et qui sont d'ailleurs régis par des lois spéciales, les vins de France ne titrent naturellement que 11° au maximum. Donc l'importation des vins étrangers, titrant 15°, aura encore lieu sur une large échelle, parce que les négociants en vins du midi continueront à profiter d'une différence de quatre degrés qui permet la pratique du dédoublement.

Il n'y aura donc rien de changé. Comme maintenant, on repoussera le vinage par les alcools industriels, sous prétexte d'un danger pour la santé publique, et l'on recevra toujours de l'étranger des vins vinés, jusqu'à concurrence de 15°, par les mandataires des négociants français, avec des alcools d'industrie étrangère.

La question d'hygiène, voilà l'argument accepté par tous ceux qui ne connaissent pas à fond la question, qui permet aux orateurs de se livrer à de longues tirades humanitaires, et qui réussira tant que l'on n'aura pas, par tous les moyens possibles, vulgarisé cette question du vinage !

On parle d'hygiène, et l'on oublie les proportions que prend la fabrication des vins de raisins secs dans laquelle, il n'entre que des alcools d'industrie, qui en l'absence d'une loi sur le vinage, peuvent être employés à l'état impur, de sorte que la garantie du consommateur serait justement dans l'adoption de la mesure, que nous refuse le Midi,

sous le couvert de ses inquiétudes dé-
sintéressées pour la santé publique.

Et quant au vinage par les alcools de
bonne qualité, le conseil général d'hygiène, consulté dans les dernières années de l'empire, n'a-t-il pas résolu
affirmativement la question en disant
que : « le vinage et le coupage des vins
« sont deux opérations licites, consa-
« crées d'ancienne date.

« L'addition d'alcool au vin n'est pas
« nuisible à la santé des consomma-
« teurs, pourvu qu'elle soit pratiquée
« avec soin, par fractions, et non d'un
« seul jet, avec des alcools de bonne
« qualité, et sans exagérer outre mesure
« la richesse alcoolique des vins.

« On peut même affirmer que dans
« ces conditions le vinage est une opé-
« ration souvent utile, et quelque fois
« indispensable à la conservation et au
« transport d'un grand nombre de
« vins ».

Il y eut ensuite discussion à ce sujet,
entre les médecins et chimistes les plus
éminents, les Wurtz, les Payen, les
Bergeron, etc..., et il est résulté de
cette discussion que les bons alcools
d'industrie, après rectification, valent
les alcools de raisin.

Si, à toutes ces considérations sans
réplique, on ajoute que les droits exagérés dont sont actuellement frappés nos
alcools, même s'ils servent au vinage
des vins, portent le plus grave préjudice à la fabrication de nos vins de

liqueurs ; que l'Espagne et l'Italie sont seules à profiter de cette situation fâcheuse faite aux fabricants français ; si l'on veut bien admettre enfin, que plus l'emploi d'un vin tonique et à bas prix, serait vulgarisé en France, comme boisson des ouvriers, plus l'alcoolisme tendrait à disparaître, emportant avec lui les ravages qu'il exerce en bas de l'échelle sociale, on reconnaîtra qu'il faut absolument chercher une modification à l'état de choses actuel.

Le remède se trouvait, on le sait, dans un projet de loi, présenté par le gouvernement, et discuté à la Chambre des députés dans le courant de l'année 1879. Il avait pour but de réduire le droit de 156 fr. 25 payé par les alcools, à 25 fr., chaque fois qu'il serait justifié de leur emploi au vinage des vins.

Malheureusement la Chambre a repoussé ce projet.

Il est impossible de lui demander de se déjuger ; mais il faut faire de sérieux efforts pour que la Chambre qui sera élue en 1881 vote, dès ses premières séances, une loi qni sera considérée par tous ceux qui ont souci des intérêts des petits consommateurs et de ceux des agriculteurs, comme un don de joyeux avènement.

XI

MOYEN D'ARRIVER A LA RÉDUCTION DES DROITS SUR LES ALCOOLS EMPLOYÉS AU VINAGE, SANS PRÉJUDICE POURLE TRÉSOR. — SUCRAGE DES VINS.

Nous avons précédemment indiqué les raisons qui militent en faveur du vinaigre des vins, nous allons examiner s'il ne serait pas possible d'en arriver à la réduction des droits sur les alcools qui sont employés à cet usage. Nous nous empressons d'admettre que ce moyen, tiré de la révision de l'art. 3 de la loi du 13 juillet dernier sur le dégrèvement des sucres et des vins, ne serait qu'un moyen provisoire et appelé à disparaître avec le système compliqué des lois qui régissent les contributions indirectes. La prochaine législature verra probablement s'accomplir cette grande réforme, étudiée déjà par tous les intéressés, et notamment, par la chambre syndicale de Rouen, qui propose, toutes voies et tous moyens réservés « la suppression des impôts indirects et leur remplacement par un impôt direct perçu sur la propriété et non sur les récoltes, mais avec faculté de dégrèvement en cas de perte de ces dernières ». Nous verrons s'écrouler l'édifice qui a sa base dans la loi antilibérale du 28 avril 1816, et que sont encore venues compliquer les lois votées en toute hâte par l'Assemblée nationale. Mais, en attendant, pourquoi ne pas aller au plus pressé ? Le moyen d'y arriver, nous le répétons, réside dans la révision de l'art. 3 de la dernière loi sur les vins et les sucres. Il suffirait de supprimer la division, en trois classes, établie par la perception du droit de circulation dans les départements.

La loi du 1er septembre 1871 avait créé quatre classes qui augmentaient le droit pour les départements, selon le degré de développement de la culture de la vigne. On avait pensé, en 1871, que moins seraient élevés les droits de circulation, moins les habitants des pays vignobles seraient tentés de faire la fraude ; qu'il serait bien plus difficile de la pratiquer, au contraire, dans les départements où les boissons arrivent par les moyens ordinaires de transport.

Il est certain que l'on s'était trompé ; et le législateur de 1880 a commis la même erreur, car, dans les pays vignobles, le service des contributions indirectes se fait tout aussi bien que partout ailleurs, et les différences entre les classes ne sont pas tellement sensibles qu'elles doivent être considérées comme salutaires pour les intérêts du Trésor.

La première classe, est de 1 fr., la seconde de 1 fr. 50, et la troisième de 2 fr.. N'est-il pas certain que ceux qui feraient la fraude pour éviter de payer deux francs, la feront aussi bien pour gagner un franc et frauderont encore pour éviter de débourser cinquante centimes ?

Nous estimons donc, qu'en portant à 2 fr., en principal, le droit de circulation, pour tous les départements indistinctement, on se serait procuré une somme qui aurait garanti, à tout événement, une partie de la perte à provenir du dégrèvement des alcools employés au vinage.

Cette unification produirait, d'après les calculs même de l'administration, la somme de 39.600.000 fr., soit une augmentation de 12.500.000 fr., obtenue par la suppression d'une inégalité choquante devant la loi. Dégréver de 12.500.000 fr., les alcools employés au vinage, ce serait une véritable protection pour la culture industrielle et un dégrèvement, provenant de l'amélioration de l'état de nos finances, ferait le reste.

Quoiqu'il en soit, quelque moyen

qu'on adopte, il faut agir à bref délai ; il ne faut pas qu'une partie de la France souffre de l'indifférence de l'autre. Qu'on ne vienne pas dire que la culture de la betterave, qui profiterait, dans une grande proportion, de la mesure que nous réclamons, ne constitue pas une richesse nationale parce qu'elle demande aide et protection.

Si l'on prend, en effet, le groupe des départements qui représentent plus spécialement les cultures industrielles, groupe formé du Nord, du Pas-de-Calais, de l'Aisne, du Calvados, de la Somme, de la Seine-Inférieure, de l'Eure et des Vosges, l'on constate, par la statistique agricole officielle, que ces départements paient 399.934.187 fr. d'impôts, pendant que les départements où l'on cultive la vigne, ne paient que 216.849.818 fr. Ne voit-on pas que la conséquence est que si, par suite de la disgrâce dans laquelle on les laisserait, ces départements venaient à voir péricliter leur admirable culture, la perception de l'impôt en pourrait souffrir dans une certaine mesure ? Et quand je cite seulement les huit départements, qui ont, pour ainsi dire, le monopole de la culture industrielle, il ne faut pas oublier qu'ils ne sont pas les seuls à cultiver la betterave, qui se sème dans bien d'autres pays. Une mesure qui serait favorable aux départements que nous venons de citer, le serait encore à la Vendée, à la Nièvre, à l'Ile-et-Vilaine, à l'Indre-et-Loire, au Maine-et-Loire, au Loiret, etc., etc.

Je m'empresse de reconnaître que le dernier dégrèvement sur les sucres qui s'élève au chiffre colossal de 120 millions, et qui doit produire normalement, et sauf le cas d'augmentation des cours, une diminution de 30 fr. par 100 kilog, ou de 3 sous par livre, ne serait pas sans influence sur le sucrage des vins et ce, au profit de la culture de la betterave ; mais, s'il est vrai que des documents précis établissent, comme je le disais plus haut, une plus value d'environ 30 °/₀ pour les deux premières années du régime sous lequel nous a placés le dernier dégrèvement, pourquoi dès l'année prochaine, quand l'expérience sera faite, ne voterait-on pas les conclusions d'un remarquable rapport de M. Fouquet, député de l'Aisne, rapport déposé sur le bureau de la Chambre, à la date du 15 juillet dernier, et qui conclut à une mesure d'une importance capitale pour l'agriculture. Il demande dans un article unique, que les sucres, employés au sucrage des vins, bières, cidres, poirés et hydromels à la cuve, avant fermentation, ne paient plus qu'un droit égal à celui des glucoses, soit 8 fr. par 100 kilog., à la condition qu'ils seront préalablement soumis à une dénaturation, dans les fabriques, ou dans les établissements spéciaux; qui seraient assimilés aux entrepôts réels.

Nous espérons que, si cette proposition est agréée par la Chambre, cette dernière saura gré à l'honorable M. Fouquet de la prudence avec laquelle il agit, en demandant lui-même que les effets de cette loi soient limités à deux ans à partir de sa promulgation ; mais on peut affirmer qu'il y aurait encore là pour le Trésor l'occasion d'un accroissement considérable de recettes, accroissement prédit par un chimiste industriel, connu par ses recherches scientifiques sur les sucres et alcools, M. Dubrunfaut, qui, en 1854, publia une brochure sur le sucrage des vendanges par les sucres raffinés de canne et de betterave. On pourrait employer, paraît-il, deux cents millions de kilog. de sucres à la bonification des moûts de raisin dans les mauvaises années, et ce, non compris l'emploi à faire pour le sucrage du cidre et de la bière. « Il « entrera donc, de ce chef, dit l'honora- « ble M. Fouquet, dans les caisses du « Trésor, vingt millions de francs par « an, si vous acceptez notre proposi- « tion. »

Ainsi donc, exemption des droits de douane sur l'outillage agricole, bois, fer et pièces de rechange, ou dégrèvement sur les matières premières employées à leur confection en France, réduction de 120.000.000 sur l'impôt foncier ;

Diminution ou suppression des droits de mutation et de succession sur les biens ruraux, avec réduction du passif.

Application d'un tarif minimum aux transports de l'agriculture ;

Abaissement au taux le plus réduit des alcools employés au vinage des vins, et des sucres employés à leur sucrage : telles sont les réformes que l'agriculture peut attendre du gouvernement de la République.

Nous verrons prochainement, par ce qui a été fait déjà pour le pays tout entier, que cet espoir n'est pas mal fondé.

XII

DÉGRÈVEMENTS ET TRAVAUX PUBLICS.

Nous avons terminé l'énumération des mesures dont nous croyons l'adoption nécessaire au relèvement de l'agriculture nationale, mais nous ne voulons pas clore la série de ces entretiens sans montrer, par des exemples, que les intéressés peuvent et doivent placer leur confiance dans le Gouvernement de la République.

N'est-il pas certain que l'agriculture, le commerce et l'industrie ont déjà, dans une large mesure, profité de ses bienfaits ?

Nous nous proposons de le démontrer, et le lecteur ne manquera pas de remarquer que les mesures favorables au pays datent toutes du jour où la République est devenue une réalité, après la chute des partis réactionnaires qui gouvernaient sous son égide.

Depuis ce moment, les efforts du parti républicain n'ont eu qu'un but : diminuer les charges qui pesaient si lourdement sur la nation depuis 1870, sans négliger les grands travaux d'intérêt général, jetés dans la caisse aux oublis pendant les dernières années de l'Empire. A l'annonce du programme Freycinet, bon nombre de personnages, toujours prêts à la critique, ont crié à l'utopie ; ils ne tarderont pas à apprendre que tout est possible en France, pour le bien général, avec le régime de de contrôle sous lequel nous vivons.

Nos campagnes l'ont bien compris et ont tenu à le prouver dans les récentes élections aux conseils généraux. Elles le prouveront encore, nous en sommes convaincu, lors du renouvellement prochain des conseils municipaux, et, quelques mois plus tard, dans les élections législatives.

Elle n'oublieront pas que leur choix devra se porter sur des hommes d'affaires, susceptibles de garantir les intérêts de la commune, mais aussi d'un républicanisme assez authentique pour qu'il soit possible d'attendre d'eux une conduite cadrant avec la marche générale du Gouvernement. On ne saurait concevoir, en effet, des conseils municipaux s'inspirant, dans leurs décisions de chaque jour, d'un esprit politique, allant à rebours, ou beaucoup plus loin que celui dont seraient animés et notre Sénat, et notre Chambre des députés, et la majorité de nos conseils généraux républicains. Il faut que, par ses votes, la nation établisse, autant que possible, l'harmonie entre les divers corps élus, sinon l'équilibre nécessaire à la marche régulière des affaires serait menacé.

Ce qui s'est passé pour les élections aux conseils généraux se renouvellera pour les élections municipales et législatives. Nos campagnes voudront encore écarter des affaires publiques les partisans, acharnés ou timides, des régimes déchus, toujours prêts à embrouiller les discussions, car toujours l'eau trouble leur fait espérer une pêche miraculeuse. Elles agiront ainsi parce que, pour être venues lentement à la République, elles ne lui sont maintenant que plus dévouées.

Après avoir assisté, avec une certaine indifférence, aux vaines tentatives de restauration monarchique, encouragées par la majorité de l'assemblée, élue *dans un jour de malheur*, elles avaient accepté le gouvernement de la République comme la résultante nécessaire de l'impuissance des autres partis. Aujourd'hui, elles ont fait un pas en avant. Elles comprennent tous les avantages d'un gouvernement démocratique. Après tout qu'est-ce qui a été fait pour elles, par Napoléon le conquérant, la Restauration, la Monarchie de juillet ? Quels dégrèvements sont dus à Napoléon III qui nous a légué une situation financière désastreuse ? Elles énumèrent, au contraire, les progrès de nos finances, malgré ce terrible héritage de l'empire, sans compter qu'elles constatent chaque jour ceux de la réoganisation de notre armée et de la réforme de l'instruction nationale.

Elles acquièrent la conviction que, depuis l'avènement au pouvoir de véritables républicains, dont le premier souci n'a pas été de s'excuser de l'être, chaque jour a été signalé par une mesure destinée à l'allégement des impôts. Prenons comme point de départ la fin de l'année 1876, et citons des exemples :

Le 26 décembre est votée la loi qui supprime la surtaxe de 2 décimes 1/2 sur le sel, surtaxe qui rapportait à l'Etat 7.198.000 fr.

Le 30 décembre, même année, une loi exempte du timbre les contrats d'assurances passés à l'étranger, soit une perte pour le Trésor de 250.000 fr.

Les lois du 21 mars 1878 sur les postes, du 6 avril suivant sur les télégraphes, consacrent des réformes qui déchargent le pays de 19.000.000 d'impôts.

Dans l'intervalle, suppression de l'impôt sur les savons, on allègement pour la consommation de 6.156.000 fr.

Suppression aussi de l'impôt de la petite vitesse qui grevait nos transactions de 22.219.000 fr.

Bientôt, les billets de banque ne sont plus frappés, aux termes de la loi du 13 juin 1878, que d'une taxe de 0,20 c.

par mille, ce qui équivaut à la suppression d'une perception de 1,600,000 fr.

La loi du 22 décembre 1878 réduit
le timbre des effets de commerce de
1 fr. à 0,50 c. par mille, d'où une diminution de 18.000.000 sur les charges
grèvant les transactions commerciales,
fait disparaître l'impôt de la chicorée
dont le rendement était de 5.339.000
francs, et enfin, abaisse l'impôt sur les
huiles de 2.000.000.

Nous arrivons à l'année 1879, pendant laquelle le pays bénéficie :

1° D'un million, par le fait de la suppression du droit de timbre sur les
mandats de poste ;

2° De 18.200.050 fr., par suite de la
réduction de 43 à 20 du nombre des
centimes sur les patentes, et aussi, de
6.710.939 fr., grâce à la modification
du droit fixe au profit d'une certaine
catégorie de patentes et à la réduction
du vingtième au trentième du droit
proportionnel, sur une autre catégorie ;

3° De 2.100.000 fr. grâce à la modification apportée à la contribution des
chevaux et voitures.

Vient enfin l'année 1880, véritablement unique dans les fastes budgétaires
et qui serait, à elle seule, suffisante
pour faire prendre racine à une gouvernement ! On y compte les suppressions
des droits de navigation, d'inscriptions
dans les facultés de l'Etat, les dégrèvements sur les sucres et les vins, soit
au total une diminution d'impôts de

205.126.845 fr. et qui porte à trois cent quatorze millions, neuf cent mille, huit cent quatorze francs le chiffre des dégrèvements votés et assurés depuis 1876 ! !

Mais ce n'est pas tout. Le gouvernement, tout en renonçant à ce chiffre considérable de recettes, n'en a pas moins fait, en même temps, des dépenses utiles dont les résultats se feront sentir dans un avenir prochain. Ces dépenses sont établies par la statistique du ministère des travaux publics : Il a été dépensé pour l'amélioration du canal de Bourgogne 1.972,223 fr ; pour le canal de l'Est qui relie entre elles les Ardennes, la Meuse, la Moselle et les Vosges, 65.443.837 fr.; pour le canal de la Marne au Rhin 2.426.754 fr. ; enfin, pour travaux entrepris avant la loi de classement plus de 37.000.000 fr.

79.303.675 fr. ont été employés à l'amélioration du Rhône, entre Lyon et la mer ; de la Saône, entre Port-sur-Saône et Lyon ; de la Seine, entre Paris et Rouen ; puis à celle d'autres rivières non comprises dans loi de classement. Enfin 735.200 fr. ont été dépensés pour le prolongement des quais à Rouen ; 5.780.700 fr. pour l'achèvement des bassins, l'Eure et le Vauban, au Hâvre ; 4.903.500 fr. pour la construction d'un bassin à Honfleur ; 13.521.500 fr. pour amélioration du port de Marseille ; 3.900.500 fr. pour l'agrandissement du port de Nice ; 16.732.900 fr. pour le bassin à flot de Bordeaux et 18.950.700 fr. pour l'achèvement d'un port à marée à Brest.

Les lecteurs du *Mémorial* remarqueront, non sans un véritable plaisir, que nos régions n'ont pas été oubliées. Il a été exécuté 1.500.000 fr. de travaux pour la création d'un port à Boulogne ; 5.279.400 fr. pour celle d'un nouveau bassin de chasse à Calais ; 10.386.100 fr. pour l'amélioration du port de Dunkérque ; 5.505.692 fr. pour travaux dans le bassin de l'Aa !

Après tous ces efforts, qui donc oserait soutenir encore que la République se soucie peu des intérêts du pays tout entier, qui donc oserait soutenir que l'agriculture ne peut compter sur le Gouvernement actuel ? Il n'y a plus rien à espérer, Messieurs de la réaction, de vos tirades protectionnistes. Le moyen a été bon et a déjà été employé, avec succès, par MM. Pouyer-Quertier et consorts, mais on ne s'y laissera plus prendre. Pour notre part, nous espérons avoir prouvé combien il faut en faire peu de cas, en démontrant qu'en haut lieu on s'occupe sérieusement des intérêts de nos cantons ruraux, en même temps qu'on étudie avec soin toutes les questions qui s'y rattachent. Nos campagnes peuvent donc « confiantes dans l'avenir », ainsi que l'a dit notre ministre de la guerre, au Concours régional du Mans, « se livrer à leurs travaux, dans la paix que leur garantissent les institutions et les armes de la République ». Nier la sincérité, la vérité de ces paroles patriotiques, ce serait nier l'évidence, personne ne s'y laissera prendre, les scrutins de 1881 en seront la preuve éclatante.

www.ingramcontent.com/pod-product-compliance
Lightning Source LLC
LaVergne TN
LVHW050840200726
843507LV00001B/354